南极记忆

Memo of Antarctic

郝洛西 著
Hao Luoxi

U0334423

同济大学 出版社
TONGJI UNIVERSITY PRESS

南极 · 絮
Antarctica Recalled

我天生不喜冰雪，不喜高山，不喜大海，不喜荒野；
我从来都怕严寒，都怕单调，都怕动物，都怕强光。
但我来到了南极洲，来到了乔治王岛，来到了长城站。

这里没有绿色，
这里没有人际，
这里没有市井，
这里没有周末。

在这里，满目海洋与天空的蓝色。
嗅着南太平洋空气的清新，与企鹅、海豹亲密接触。
在没有黑夜的日子里，我还在盼天明。

By nature I am not enamored of snow, nor mountains, oceans or wilderness.
I am averse to cold, to boredom, to wild animals, to harsh light.
But I made the journey to Antarctica, King George Island, Great Wall Station.

Here nothing is green,
Here social contacts are few,
Here no marketplaces exist,
Here weekends are alien.

Here ocean and blue sky are all enveloping.
Breathing clean southern air, living in close proximity to penguins and seals.
Darkness is absent and I yearn for a dawn.

目录
Contents

序　南极·絮　019

01　再见上海，再见北京　026

02　在智利圣地亚哥的日子　029

03　踏上南极，进驻长城站　030

04　初遇海豹　032

05　无限风光在险峰　034

06　访问智利和俄罗斯站　036

07　科学研究开始了　040

08　青春啊，青春　042

09　长城站，中国南极第一个科考站　044

10　路断企鹅岛　046

11　远足　050

12　与大厨切磋餐饮灯光的设计问题　054

13　长城站第 29 次科考队第一次会议　056

14　乌拉圭站科考队交接仪式　058

15　企鹅吵架图　061

16　酝酿第 29 次科考队南极大学长城站分校　062

17　你让我感动　064

18　消防演习——灭火　066

19　开学典礼及第一堂课　068

20　帮厨　070

21　听，南极的风　072

22　最近的距离，最远的我们　073

23　一切，这也是一切　075

24　劳动最光荣　076

25　今天在科研栋现场办公　078

26　问鼎企鹅岛　080

27　微电影——史上最浪漫的求婚　084

28　许老师的海洋气象预报预警课　086

29　做客韩国世宗站　088

30　我在南极问候大家　092

31　我做旗手升国旗　093

32　复杂的南极事务　094

33　两场精彩纷呈的报告　096

34　南极洲与南极大陆　100

35　中国长城站与智利海军站排球友谊赛　102

36　智利海军站站庆日　104

37　南极大学长城站分校毕业证　108

38　风雪长城站　110

39　中国政府代表团南极长城站视察慰问　112

40　人是感情的动物　114

41　回复学生的一封邮件　117

42　建在南极点的美国阿蒙森—斯科特南极站　118

43 终于等到卸货了 120

44 比利时伊丽莎白公主站——第一个零排放科考站 124

45 卸货现场纪实 128

46 我们需要严谨的工作作风 132

47 实验条件的控制 134

48 极地环境中的光色喜好 136

49 谢天谢地终于亮了 138

50 象海豹 140

51 太阳出来喜洋洋 144

52 勇闯西海岸 148

53 实验的准备工作 152

54 帽带企鹅 154

55 视觉影像 158

56 南极缺钙现象 162

57 实验第一次采样 164

58 真是急死人 166

59 地质学家赵越老师 170

60 峋嶙南海岸 174

61 终有曲终人散时 176

62 冰冻星球 178

63 智利卸货支援 182

64 南极石 186

65 我在南极过生日 188

66 我的生日大家乐 190

67 生日感言 193

68 碧玉滩上的诺亚方舟 194

69 李克强慰问我国极地大洋科考队员和海监工作人员 198

70 费尔德斯半岛的中国新年 200

71 不幸的事还是发生了 202

72 为小彭祈福 206

73 你好，祖国亲人 208

74 南极情结 210

75 烙饼 212

76 长城站站庆 214

77 阳光灿烂的日子 216

78 重返企鹅岛 218

79 再谈光色爱好 222

80 挂念小彭 224

81 青春无敌，祝福妙星 226

82 不想说再见 228

83 蓬塔起早拍日出 230

84 南极，南极 234

访谈 魂牵南极 236

目录
Contents

Preface   Antarctica Recalled   019

01 Goodbye Shanghai, Farewell Beijing   026
02 Days Spent in Santiago   029
03 Setting Foot in Antarctica at the Great Wall Station   030
04 Seals, First Introduction   032
05 Precipitous Mountains, Magnificent Scenery   034
06 Visit to the Chilean and Russian Stations   036
07 Research Begins   040
08 Youth, Oh Youth!   042
09 Great Wall Station–the First Chinese Expedition Base in   044
     Antarctica
10 Penguin Island, an Unsuccessful Sojourn   046
11 Hike   050
12 Addressing the Problems of Restaurant Lighting Design with   054
     the Chef
13 The First Conference of the 29th Expedition Team at Great   056
     Wall Base
14 Uruguay Station's Handover Ceremony   058
15 Penguin Fighting Images   061
16 Creating the University of the 29th Great Wall Antarctic   062
     Expedition
17 I Am Concerned   064
18 Fire drill – Douse that Fire   066
19 An Opening Ceremony and the First University Class   068
20 Helping in the Kitchen   070
21 Listen…the Antarctic Wind   072
22 The shortest distance, the longest feeling   073
23 All   075
24 Work is Wonderful   076
25 Today I Work in the Research Building   078
26 Landing on Penguin Island   080
27 A Video–a Most Romantic Proposal   084
28 A Marine Forecast and a Warning Lesson from Professor Xu   086
29 A visit to the South Korean Sejong Base   088
30 Greetings from the Antarctic   092
31 I Am the Flag Bearer   093
32 Complex Antarctic Affairs   094
33 Two Excellent Reports   096
34 Antarctica and the Antarctic Continent   100
35 A Friendly Volleyball Match Between China's Great Wall and   102
     Chile's Naval Station Teams
36 Celebration Day for the Chilean Navy Station   104
37 Graduation Certificate of Antarctic University of Great Wall   108
     Station Campus
38 The Great Wall Station in a Raging Snowstorm   110
39 The Condolences and Visit from Chinese Government   112
     Delegation
40 Humans Are Emotional Animals   114
41 An Email Reply to a Student   117
42 The Amundsen-Scott South Pole Station   118

43 Some Vital Cargo Finally Reaches the Great Wall Base 120

44 Belgian Princess Elisabeth Station - the First Zero-emission 124
    Research Station

45 Unloading–a Scene Worthy of a Documentary 128

46 Thoughtful Work Practices 132

47 Control Conditions for the Experiment 134

48 Photochromic Preferences in a Polar Environment 136

49 Thank Heavens the Lights are Finally Working 138

50 Mirounga 140

51 Happy When the Sun Rises 144

52 Tackling the Coast 148

53 Preparations for the Experiment 152

54 Chinstrap Penguins 154

55 Visual Images 158

56 The Phenomenon of Calcium Deficiency in Antarctica 162

57 First Experiment Samples 164

58 Worried to Death 166

59 Teacher Zhao Yue, the Geologist 170

60 The Rugged South Coast 174

61 All Good Things Must Come to an End 176

62 Frozen Planet 178

63 Unloading Assistance for the Chileans 182

64 Antarctic Stone 186

65 Celebrating My Birthday in Antarctica 188

66 A Happy Birthday 190

67 Birthday Messages 193

68 Noah's Ark on Jasper Beach 194

69 Li Ke Qiang Conveys His Regards to Members of the 198
    National Polar Oceanic Expedition and China's Maritime
    Surveillance Staff

70 Chinese New Year on Fernandez Peninsula 200

71 An Unfortunate Incident 202

72 Praying for Xiao Peng 206

73 Hello to My Family and My Homeland 208

74 An Antarctic Love Knot 210

75 Pancakes 212

76 Great Wall Celebrates 214

77 Sunny Days 216

78 Return to Penguin Island 218

79 Discussing Light Colour Preferences Again 222

80 Missing Xiao Peng 224

81 Bless the Indefatigable Miao Xing 226

82 Never Say Goodbye 228

83 Chasing the Sunrise in Punta 230

84 Antarctica, My Antarctica 234

Interview   The Eternal Link Bteween Antarctica And 236
My Soul

到达长城站的路线

- 北京——巴黎（国航）飞行时间 13 个小时
- 巴黎机场内停留 5 个半小时
- 巴黎——圣地亚哥（法航）飞行时间 15 个小时
- 圣地亚哥——蓬塔（智利航空）飞行时间 4 个小时
- 蓬塔——南极乔治王岛机场（智利军用飞机，视天气飞行，这次我们在圣地亚哥等待三天，蓬塔一晚）飞行 3 个半小时
- 机场——长城站（雪地车），颠簸 40 分钟

回程

- 南极乔治王岛智利空军马尔什机场——智利蓬塔飞行时间 3 个小时
- 智利蓬塔——智利首府圣地亚哥（经停）飞行时间 5 个小时
- 圣地亚哥——巴黎飞行时间 13 个小时
- 法国巴黎——北京飞行时间 11 个小时
- 北京——上海 2 个小时

巴黎
Paris

圣地亚哥
Santiago

蓬塔
Punta Arenas

长城站
Great Wall Station

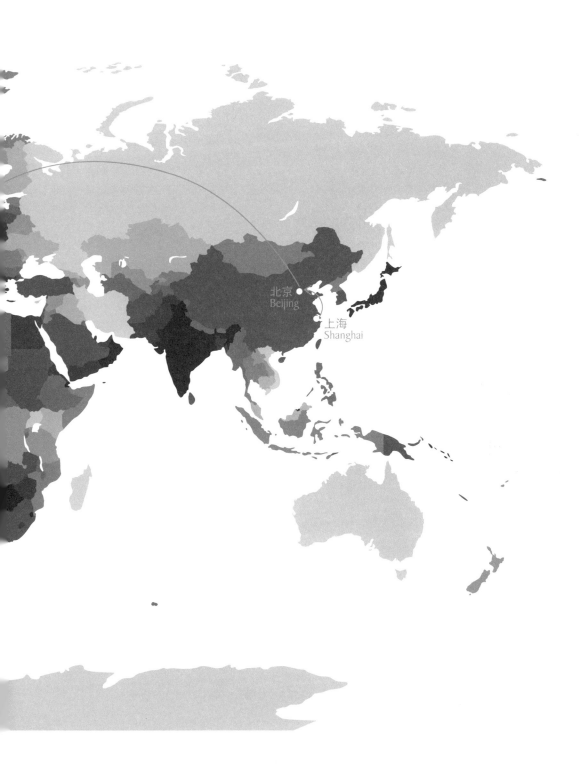

北京
Beijing

上海
Shanghai

01

再见上海，再见北京
Goodbye Shanghai, Farewell Beijing

经过近一年的忙碌准备，我终于获准作为中国第 29 次南极科考的正式队员，赴长城站工作三个月。2012 年 11 月 30 日，我离开上海到北京报到。第二天（12 月 1 日）8:30 在中国职工之家酒店参加了极地培训教育会议，紧接着就是出发。

出发当天，可恨的手机定时闹钟又一次失灵，设定为早晨 7:20 的闹铃失灵了，我睡到了 7:55。可我 5:00 多钟醒过一次，自己还担心无法再入睡。来不及吃早餐，匆忙中洗漱化妆，冲到酒店 A 座，却找不到开会的地方。无奈又回到大堂，正在想怎么办时，远远见到两位穿极地服装的人走来。大家自然打起招呼，我才知道开会在 C 座。我跟着他们到了开会的地方，才被告知要先退房间，把行李带上，会后随车即走。一位领导关照我说，他们先开着会，让我去退房拿行李。会上主要是行前各种教育，如长城站介绍、科考内容及课题、环保注意事项以及安全问题。会议紧紧张张开了一个半小时。

一辆大巴早已在楼下等着，我们急忙下楼，上了车。我被委任协助领队入关各种事宜，因为临时换了领队，原来的领队杨雷另有任务，而该领队又是第一次出国。去机场的路上，杨雷给大家介绍了《南极公约》的政治背景及我国科考的一些进展情况。

一位来自厦门的科考队员妙星带的行李超重，必须分担给其他队员，因为每人不能托运超过 20 公斤的行李。我们的队员一阵忙乱，终于搞定了。不知哪个队员感慨道："还没到南极，大家就表现出了南极精神。"我们这次出发原有 12 人，除一位来自台湾的队员自行前往，一位领队和一位队员临时不去外，剩下我们 9 人。其中包括一位机械师，一位大厨。大厨看起来很年轻，他似乎并不了解站上的情况，从他嘴中得知，这次站上没有来自雪龙号的补给，食品全部来自智利。我跟他开玩笑说："你别拿西餐的料做中餐啊！"他说："我给你做上海菜。"我说："没指望了。"正如我所料，今年长城站的食物补给令人担心，更不要说地道的中餐了。

我们将在巴黎转机，再飞智利圣地亚哥。乘坐国航从北京飞巴黎，大约经过 11 个小时。在机场待 5 个小时后，要再飞 15 个小时。的确，这是我有生以来连续飞行最长

1
与学院领导合影
2
与团队老师、同学合影
3
与院长吴长福教授合影
4
巴黎转机

时间的纪录。好在我们会在圣地亚哥休整三天，再飞一个叫蓬塔的地方，智利空军基地所在地，然后再飞长城站，共四段行程。

在这里，我要特别感谢研究团队中朝夕相处的老师和研究生。他们为了保证我的南极之行顺利，无休止地加班，抓紧完成在上海的几个实验。他们认真地准备实验日志，购置体动仪。为了排解我在南极的寂寞，帮我准备了大量的奥斯卡电影，我开玩笑说："到死都看不完啊！"感谢同济大学建筑与城市规划学院的领导和同事，你们工作繁忙，也不忘关注我和我的南极之行。我们的学科尽管规模不大，但始终能够得到你们的关心和青睐，作

为你们的员工和工作伙伴，没有比这更幸运和幸福的了！

尽管我的职业是教育，但因专业关系与照明行业亲密接触。他们中许多人获知我即将远赴南极，比我还兴奋。我知道自己是代表你们先行一步，替你们好好看看神秘的南极大陆。

最后当然要感谢我的家人，他们始终支持我的工作，关切我的身体，成就我的事业，我会好好的。我一定让你们放心。

终于要远行了，心中难免不舍。再见上海！再见北京！

After nearly a year of hectic preparation, I was finally approved as an official team member of China's 29th Antarctic expedition. I would work at the Great Wall Antarctic Station for three months. So, on November 30th I left Shanghai for Beijing to report for duty and then the whole team proceeded directly from there. We first flew to Santiago, Chile via Paris. On an Air China flight it took us about 11 hours to fly from Beijing to Paris. After a transit at Charles de Gaulle Airport for five hours it still took another 15 hours to reach San Diego where we rested for 3 days before moving on to Punta Tower Chilean Air Force Base. From there, we travelled to our final destination, the Great Wall Antarctic Station.

The trip required four long journeys. I would like to first of all thank my university team of teachers and graduate students who assisted me every day prior to my departure. They worked endless hours of overtime to ensure my smooth trip to Antarctica. They had carefully prepared experimental logs and purchased important body movement instruments.

This was the beginning of a long and fantastic journey that had begun with interminable delays and disappointments. But then it was Goodbye Shanghai! Farewell Beijing!

02

在智利圣地亚哥的日子
Days Spent in Santiago

1
擎天
2
第一次与马匹亲密接触
3
与智利大学生在一起
4
智利涂鸦艺术

1

2

3

4

03

2012-12-08 04:44:08

踏上南极，进驻长城站
Setting Foot in Antarctica at the Great Wall Station

今晨，我在智利时间 4:45 被叫早唤醒（实际上我根本没睡足 3 个小时）。到酒店餐厅吃早餐时，因为要搭乘智利空军的飞机——军用大力神运输机，机上没有厕所，所以队长特别关照大家不要吃太多，更不要喝太多水。可我还是忍不住喝了杯奶茶，吃了两片面包。

其他国家的科考队员已经到达那里。轮到我们时，分别称了体重和行李，每人发了类似登机牌的东西。一个小时后先是安全讲解，指挥官讲的是西班牙语，我们难知所云，接着大家就上了这个我平时在电视上看到的大力神直升飞机。我还没回过神来，飞机已经起飞了。因为飞机噪声极大，我挤在那些不知道是军人还是科考队员的男人中，感觉好似要去执行什么重要的军事任务。兴奋的中国科考队员们在飞行途中疯狂拍照，飞机噪声大得震耳欲聋，我带着预先准备的降噪耳机，感觉好多了。

俯身望去，满眼白茫茫一片，加上灿烂的好天气，不戴墨镜，眼睛会非常难受。抵达时，中国长城站的俞站长和机械师等人都来接我们了。大家坐着全地形雪地车，一路颠簸，终于来到长城站，这就是我们在极地的家了。

其实长城站的整个设施比我们预想的要好得多，所以大家心情格外爽朗。我瞭望着曾经在照片上看到的站区，似乎与照片上的很不相同，无论是尺度还是房屋品质。我的宿舍朝向南太平洋，凭窗远望，天空湛蓝，水面平静，白雪几乎覆盖了每一片大地。我不由得感慨：人类征服自然的探险活动一代一代，永不停息。今天我也想对广袤无垠的南极大陆，高喊一声："南极，我来了！"

After a three-hour flight, the plane finally landed at King George Island. Mr Yu, the man in charge of the Chinese Great Wall Base picked us up along with some mechanics. We were seated on multi-terrain snowmobiles and had to endure bumps all the way but we finally arrived at the Great Wall base. My dorm faced the Southern Ocean and when I looked out of my window I could see blue sky, calm water and snow covering almost the entire landscape. I could not help thinking about those adventurous souls who, for generation after generation, have been involved in the conquest of the natural world. Today I really feel like shouting into to the vast expanses: "Antarctica, here I come!"

1
晚饭后与企鹅会面
2
在飞往南极大陆的大力神
运输机上
3
我在南极长城站上的窝

1

2

3

04 初遇海豹
Seals, First Introduction

下午 3:00，我与海洋局极地办小吴、科考队员小傅、万医生、研究海豹的妙星和来自台湾的刘老师准备一起去长城站海岸周边。他们一边进行测绘，一边带我们这些不出野外的人看看。上午天空阴沉沉的，下午却变得异常晴朗。气温应该在零度以上，积雪都在融化。他们都穿着站内提供的雪地胶鞋，无奈胶鞋太大，我只好穿着配发的雪地皮靴。尽管都穿的是雪地鞋，但还是很难行路，一脚下去，半条腿就会陷在雪中，如果是一个人出外，还是有点危险的。许老师又给了我一副雪地护腿，"武装"好后的确不错。

极目望去，这是一个纯净得不能再纯净的地球之端。除非亲到南极，否则真的很难想象它与其他大陆有多么不同。我依然小心翼翼地前进着，害怕再像昨天那样掉进深深的积雪中。沿路厚厚的积雪，朝向海水的一面在快速融化，可是背向海水的整片积雪，根本无法判断，乍看以为还可以走路，但这是最危险的。所以为了大家的安全，长城站规定：一是必须三人以上才能出去；二是必须向站长报告；三是必须携带对讲机。

今天最为兴奋的事情莫过于遇见海豹，这是我头一次见到它。从昨天看到的金图企鹅到今天看到的海豹和贼鸥，南极的动物给我的感觉是特别温顺，特别友好。这个海豹个头肥大，大概是涨潮的时候潮水把这个胖家伙推向岸边，但退潮时把他留在了石滩上。他身上的颜色与砾石的颜色几乎一样，以至于回程时，我几乎碰上这个可爱的胖家伙，自己竟然没有意识到。他慵懒地躺在那里，睁开眼睛看看我们，然后用"手"揉揉自己的脸，憨态可掬。我是见动物就害怕的人，但是见到它们真的是格外亲啊！

Today, it was most exciting to meet seals for the first time. Having sighted king penguins yesterday and seals and skuas today, I had the impression that Antarctic animals were particularly docile and friendly. Seals are almost the same colour as gravel. As they were lazing about, they would sometimes open their eyes, catch sight of us, then use a "hand" to rub their faces — so charmingly naive. I used to be afraid of watching animals, but seeing them in such close proximity I felt exceptionally calm and benevolent.

1
见到你们格外亲
2
机械师老谢老远喊："明
天雪地摩托车不启动了，
就去找郝老师！"
3
看我的牙齿
4
原来你也很帅噢

无限风光在险峰
Precipitous Mountains, Magnificent Scenery

今天一早，应两个小队员小王和小陈的邀请，一起去爬"山海关"（有趣的是，长城站附近的不知名山头，都被命名成中国名字，因为好记啊！）。副站长给了我一套九成新的工作服，保暖性能超好，以至于我在爬山途中热得浑身冒汗。

我不喜欢爬山，因为听说对关节没有好处，再者费力受累。但是，到了南极大陆，还是想尝试一下，而且担心雪化时，就没有可能爬上去了。还有个目的，是拍摄长城站的鸟瞰照片。我们在途中，还摆拍了很多有趣的动作，如千手观音、雪中芭蕾、谋财害命等。

我还看到了南极的地衣，一种像海中水草一样的植物。越往山上走，风越来越大，温度也越来越低。在返回的途中，大家由于体力消耗过大，索性不想走了，干脆就躺在雪地上，顺势滑下来，真是超级爽啊！

I have now also seen Antarctic lichens and they resemble sea plants. The further up the hill I went the more the wind increased and the lower the temperature got. On the way back downhill, through sheer, delirium-inducing physical exertion, I wanted to stay out in that gorgeous landscape and simply lie on the snow. Naturally, I then slid downwards. It was fantastic!

1
拍啊拍，我的牛机
2
北京北京，我是长城！有模有样
3
同济大学建筑与城市规划学院南极长城站留影（旗上有科考队员的签名，准备全部签完后，带回学校，放在院史馆）

1

2

3

06

2012-12-10 11:33:43

访问智利和俄罗斯站
Visit to the Chilean and Russian Stations

今天下午 2:00，我们这组度夏队员在俞勇站长和副站长的带领下，乘雪地车分别拜访了智利站和俄罗斯站。中午吃饭时张副站长通知大家下午 1:00 长城站的邮局、小卖部开张营业，于是我们下午 1:00 准时冲到位于一楼的小卖部。万医生当起了临时售货员，大家争先恐后地购买南极的明信片（这哪里是购买，价格只是象征性的，我买的十张明信片，只要人民币 3.00 元，怎么可能呢？）。因为拿上这些明信片到其他站访问，可以盖很多有意义的纪念章。张副站长手里拿了厚厚一摞从上海带来的信封，连地址都写好了，他说还有几千封环保人士托他盖章的信封，简直要盖死了。

我们乘着雪地车，一路"跌宕起伏"，真要把人的五脏六腑都颠出来了，那架势就像串亲戚一样，让我想起了《秋菊打官司》的场景。大约开了半个小时，我们就来到智利站。

在踏雪走进室内时，我一不小心，一条腿彻底地陷入雪地中，怎么也拔不出来。这时我的脑海中回想起管理员的话："千万不能硬拔，否则会骨折的，以前就有人因此而受伤过。"于是我狂呼"救命！"，还是小陈的经验老道（他曾在中山站驻扎了半年），他拼命用手挖雪，我的腿终于自由了。

智利站实际上还包括智利海军在南极的基地，他们指挥和控制着所有来往南极的船只。走进站内，只见我们的队员挤作一团，也不管章的内容，盖了再说。我趁他们盖章时，跟着一位智利小伙参观了他们的宿舍和淋浴间，条件还是非常好的。他给我看了他妻子和孩子的照片，思念之情溢于言表。最后我也将写好的 10 张明信片盖了几个章。我们临走时，还拿到智利站送的衣服贴，甚是好看。

俞站长和极地办的小吴拜访了俄罗斯站站长，他们进行了热情的会面。这时我们在副站长的指挥下，又"冲"进俄罗斯站。这次人家干脆把所有的章都拿了出来，让我们尽情地盖戳。这个站长可是个传奇人物，他在俄罗斯站工作 14 年后，曾在南非工作了 3 年，之后就再也没有离开过南极。一位随站夫人招待了我们，又是泡茶，又是给我们好吃的果脯，还有核桃仁等。吃饱喝足，一帮人在副站长的带领下，去智利邮局寄信。我则跟着俞站长等人来到山顶上的俄罗斯站区教堂看个究竟。下山时，每个人都是顺势滑下，当然我也不例外。

备注：《南极公约》规定，南极各个国家的科考站，除了住宿为个人隐私不能看之外，其余应全部开放。只要提前和对方的站长打招呼，预约时间，都是可以接待的。这也是和平利用南极的体现，促成了各国站频繁往来的习惯，更增进了科考站区的国际间友谊。

Today, at 2 PM, with Yu Yong, the head of our station, and the deputy head, a bunch of us summer expedition members took snowmobiles to visit the Chilean and Russia stations. We rode up and down snowy slopes for half an hour later before we arrived at the Chilean station. This station also includes the Chilean Navy base in Antarctica. They command and control of all incoming and outgoing vessels in this part of Antarctica. With the Chilean deputy commander, we then went on to the Russian station. Principal Yu and Xiao Wu, a Chinese official, had worked for some time at the Chinese polar base and they had previously visited the head of the Russian station so they all had a friendly meeting. According to the terms of the Antarctic Treaty, each country's research station should remain open to visitors. Personal lodgings, of course, remain private. As long as arrangements are made well enough in advance, anyone can be welcomed. This is an example of the peaceful purposes of working in Antarctica. Frequent exchange visits are made between various research stations to enhance international friendships.

1
近处是俄罗斯站，远处是
智利站，他们是邻居

2
智利站区

3
超酷的雪地车

4
这应该是智利海军的著名
人物

1

2

3

1
上山容易，下山也不难，
躺在雪地上，滑下山
2
好吃好喝好招待，相谈甚欢
3
教堂室内
4
俄罗斯站山顶教堂

经过两天的准备，我们将时间设置为长城时间（长城时间与美国时间一样，与国内有 12 小时的时差，与智利有 11 小时的时差）。今天终于让小王和小陈这两位科考队员佩戴上了我们的体动仪。他们刚好住在一个房间，这次来是专门进行长城站站区测绘工作的。这两个小朋友对我做的一切充满好奇，毕竟隔行如隔山嘛。他们俩也是我们在上海就"盯上"的被试。

也许你会问我，到底去极地干什么？我作为国家"863"课题组组长，负责"LED 非视觉照明技术研究——极地站区半导体照明及光健康实验研究"。该课题是与中国极地研究中心、上海第十人民医院等单位合作，属多领域、跨学科的前沿研究课题。在长城站的主要工作内容是：通过开展 LED 照明的非视觉生物效应和对人生理节律的影响研究，对度夏和越冬科考队员实施人工光环境的干预，探讨极地站区建筑适宜的自然采光和人工光环境的

设计方法，推进半导体照明在极地科考站区和科考船上的示范性应用。

以上是比较正规的说法。我还有一个被试叫妙星，本来今天也要佩戴体动仪，就因为昨天他在野外曝晒了一天，强烈的紫外线，使得他回来后成了一个"黑人"。据说雪面的反射光照十分厉害，这小孩也真是的，竟然没有涂防晒霜，而且晚上又拉肚子，我说你改为明天再戴吧。我们等到 2013 年 1 月 10 号实验物资到达长城站后开始的正式实验，还要收集科考队员被试的尿液。妙星告知我，他这次科考的任务是收集海豹的尿液。我们都在收集尿液，但对象不一样。他一直追问我到底是什么实验，我说是通过我们的光照，改善科考队员的生理节律，消除负面情绪，提高幸福指数。谁知他竟然说：郝老师，您给我 100 美金，我的幸福指数肯定一下子就高了。瞧这个"拜金的阳光少年"！

After two days of preparation, a time has finally been fixed for two Great Wall personnel to be fitted with our body movement instruments. By the way, Great Wall time is the same as that of the United States. There is a twelve-hour time difference between China and Great Wall base and an eleven hour difference between China and Chile.

Today, as the 863rd group leader, I am responsible for a polar experimental study called "LED non-visual lighting research – solid state lighting (SSL) and light that promotes health." The work that I will do at the Chinese Polar Research Centre will be in conjunction with Shanghai's Tenth Peoples' Hospital and others; it will be a pioneering, multidisciplinary and interdisciplinary research effort. The main aim of the research will be to examine the non-visual biological effects of LED lighting on human circadian rhythms. Both summer and winter expedition personnel will be placed in artificially lit environments because we want to explore which naturally and artificially lit environments are most suitable for base station buildings. We need to determine the best applications for SSL at our polar station and around the adjacent areas.

1
我准备好两个体动仪，全
部设定好，准备开始佩戴

2
中国第 29 次南极科考纪
念封

3
背面有这次南极科考长城站
基本情况介绍，没有想到我
们的课题"半导体照明与光
健康"作为后勤保障，也赫
然在目，令我感动

青春啊，青春
Youth, Oh Youth!

今天妙星一早就追着我问：郝老师，我什么时候戴表啊？我说："着哪门子急，中午吃饭给你戴。"

中午吃饭时，我将设定好的一个体动仪戴上，但在前期检查时，发现原来在上海设定好的一个标定字母 C 的体动仪只有 29 天的电量了，当时不是说有一年的电量吗？妙星来了，说着我们在蓬塔购买护发素的笑话，拿着他藏好的碗筷，就像我要给他派发什么礼物似的，乖乖地坐在饭桌旁，等着我给他佩戴。这时，周边的其他科考队员都伸长脖子，面露艳羡，我更加神秘地说，这可是比欧米茄手表还贵啊！机械师老谢说了一句：郝老师，直接发欧米茄表吧！众人起哄。这时，昨天已经佩戴体动仪的小王和小陈野外归来，我问他们出去按了表没有，提醒他们要做标记。他们特别认真地告知我说："出去回来都做了。"这几个青春年少的科考队员，肩负着国家海洋科考的重任，投身于极地事业，远离都市，顶着刺骨的寒风和强烈的紫外线，在野外探测取样。

这就是国家的栋梁，祖国的未来，真的是"少年智，则国家智"。

These are young members of the scientific team who shoulder the many marine tasks in Antarctica. They work outdoors in the cold winds and strong UV, devoting themselves to a career in polar latitudes, far removed from city life. They are the backbone and future of our country, as I see it, as they gather samples and probe the frigid waters. So this is our youthful, Chinese intelligentsia.

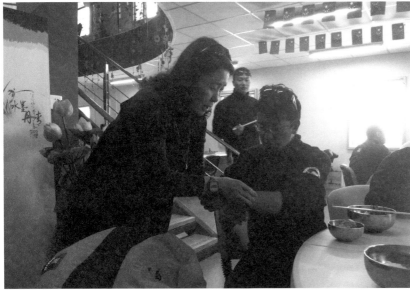

1
小王和小陈对这个 LED 台
灯十分感兴趣，这是我们
团队专门设计，送给长城
站的礼物
2
我给妙星佩戴体动仪

09 长城站，中国南极第一个科考站

Great Wall Station–the First Chinese Expedition Base in Antarctica

今年 8 月，有一部叫《中国南极记忆》的纪实片在中央电视台播出，全面记录了我国南极科考的情况，大家可以看看。我来到南极后，看了前三集，感受颇深。另外，日本有一部 10 集的电视连续剧，叫《南极大陆》。我在智利圣地亚哥中国极地中转站看了 9 集，最后一集还没来得及看，就来到了长城站。这是一部讲述日本在南极建立昭和基地和日本南极科考的故事片，情节非常感人。

中国长城站建于 1985 年 2 月 20 号，是中国第一个南极科考站。按照专业地理的说法，是南纬 62°12′59″，西经 58°57′52″，位于西南极洲南设得兰群岛的乔治王岛，东临麦克斯韦尔湾中的小海湾，进出方便；背依终年积雪的山坡，水源充足。科研方面主要开展生物、环境监测、常规气象观测、冰雪、海冰、地质、地磁、地震学观测、卫星测绘等项目。长城站的科考队员分为越冬和度夏两类。我理解的越冬任务主要是驻站维护，度夏主要是科考。长城站共有 15 栋建筑，包括住宿、科研、库房及其他配套用房。这里的建筑都被叫做"XX 栋"，如我们住宿的建筑，就叫生活栋。

与中国长城站相邻的外国站有：智利站（共有四个站：Frie 总统站、Marsh 基地、Inach 极地所站、Fildes 海军站）、俄罗斯站、乌拉圭站、韩国站、阿根廷站、波兰站和巴西站。由于智利得天独厚的地理条件，所以智利在此设站最多。

The Great Wall Station is China's first expedition base in the South Polar region and it was opened on February 20, 1985. It is located at 62.1259° S, 58.5752° W on King George Island, west of the Antarctica Shetland Islands. It faces the cove called Maxwell Bay to the east. The base is easily accessible and has an adequate water supply since it backs onto a snow-covered slope. Scientific research here is mainly concerned with biology, environmental monitoring, general meteorological observation, ice and snow, sea ice, geology, Earth's magnetic fields, seismological observation, satellite mapping and other programs. The team at the Great Wall Station could be divided into two groups–winter and summer personnel. The station is physically made up of 15 buildings, including sleeping quarters, areas for scientific research, storerooms and ancillary buildings. The architecture here is called "dong" architecture. For example, the building in which we reside is called a living dong.

1
今天下午在地震台山顶拍摄的长城站鸟瞰照

2
对岸红色部分是韩国站（两站互访都是乘橡皮艇）

3
长城站 600 吨储油罐（中国元素）

4
综合活动中心（每天吃饭的地方，还有卡拉 OK、篮球场）

5
科研栋

路断企鹅岛
Penguin Island, an Unsuccessful Sojourn

今天真是太不走运了，已经到了企鹅岛，只要再翻座小雪山，就可以看到自然保护区企鹅成群的地方。但是最后却没能到达。

我吃完早饭，怀揣进入企鹅岛的特许证，与三个同伴直奔企鹅岛。企鹅岛位于长城站的对面，但中间隔着海湾。根据潮汐预报，我们必须于中午 12:00 前撤离，否则等涨潮了就回不来了。老谢驾驶雪地摩托车，分两批把我们送到企鹅岛上，但成群的企鹅聚集在山包后面。妙星和小傅要去山顶采像，必须抓紧时间赶路，我和小吴在后面走。先是看到了四只海豹和几只企鹅，今天见到的实际上是象海豹，体态硕大、眼光凶狠，以至于我拍照时都有点害怕。晚上吃饭时，海豹专家妙星说："它们有不容侵犯的领地。"他们又说："郝老师你要是跑，海豹肯定跑不过你。"我疑惑地问这是否是真的。

我和小吴沿着海滩走，突然对岸驶来一艘皮划艇，小吴紧张地说："郝老师，他们是不是检查许可证的？"我安慰小吴："没事。"眼看一群人越来越近（实际是到中国站访问的智利海军），我还在拍照，谁知一扭头，小吴不见了！原来他吓得绕到了一个峭壁后面，因为他没有带许可证。但是我当时并不知道，只好自己往前走，但是走到峭壁前，海水很深，我的鞋子装备肯定过不去，只好爬上峭

壁，想走上面的雪地。但我爬上去一看，根本不敢走，因为分不清路面的深浅，回头寻找，小吴也早已消失在视平线上。无奈，我又沿原路返回。谁知上山容易，下山就难了，脚一滑，我重重地摔在了海滩上。我彻底失去了信心，干脆返回吧。于是一路走，一路拍照。突然，几只燕鸥在我头顶的低空盘旋，开始我还挺高兴，但听着它们的鸣叫声，我感觉不妙，还是赶紧离开吧。我仍旧走回雪地摩托车送我们到达的地方，因为知道他们会在 12:00 前返回。这时我一看，手套少了一只，又折返回去找，几乎走了一半的路，还是不见手套踪影（幸运的是，小傅回来时发现了我的手套，他想一定是长城站科考队员的，捡了回来，在中午吃饭时送给我）。这时，我听见小吴高声呼喊我，见到他，我很是激动。他手里拿着对讲机，调了几个频道，大声呼叫："Great Wall, Great Wall, Anybody hear me？"我说："小吴，要讲汉语，否则别人以为是外国人之间呼叫呢！"他依然用英语回答我："Nobody answer"。我们只好步行返回，但归程非常困难，一路都是大块石头。路上遇到了从中国站参观回来的智利海军士兵，他们手舞足蹈，甚是喜悦。一位大兵还解开衣服，露出我们的五星红旗，我们相互致意拍照。快到站区时，妙星从测绘仪器上看到了我们，他请求机械师出动雪地摩托车把我们接回，否则至少还要半个小时才能抵达，雪地确实太难走，比蜀道难行多了。

It was such an unfortunate day for me today. After arriving at Penguin Island, we wanted to get to the nature reserve with its crowds of penguins. However, we did not make it. I had no choice but to climb ahead of everyone else up a cliff that towered above deep water. At the top of the climb I had to negotiate a snowfield and I could not do it with the equipment provided. I was fearful of any walking after the cliff climb because I could not tell the depth of the land surface under the snow. So, I had to backtrack. However, it was easier to climb up than to descend. I slipped and had a bad spill onto to the beach. In the end, I completely lost heart and simply retraced the journey back to the base.

1
雪地摩托车只能把我们送到
此，几只企鹅在迎接我们，这
里离企鹅成群的地方还有一段
距离，据说还要翻越一座山
2
智利军舰

1

2

3

4

5

6

1	4
冰川峭壁	伴儿
2	5
我要下海了	万黑丛中一点橙
3	6
贼鸥（脚上带着标记环，估计是为了研究用）	俄罗斯及智利海军基地

11

2012-12-14 08:09:54

远足
Hike

今天真是过得太累了。我上午在雪地里暴走，下午先是接待智利国家南极研究院的科学家（因有一位女性，所以站长让我同去），然后受邀参观阿根廷一艘邮轮。一天马不停蹄，全是体力活，现在眼睛都睁不开了。为了满足大家的好奇心，我坚持上传照片（这项工作看似简单，其实非常费劲，因网络带宽只有512kB，我必须把照片先缩小），再写文字。现在的我大脑十分疲惫，所以不可能有任何文学表述，只希望做一个客观的记录。

在南极生活和工作还是十分艰苦的，因为缺少纤维食品，大家的肠胃蠕动开始变慢。所以我今天跟着来自北京国家海洋气象中心的老许、万医生，还有另外一位科考队员一起远足，目的就是让自己的肠胃加速蠕动。走之前，万医生在早餐后给我检查身体，量了血压和脉搏，分别是110/76毫米汞柱和80次/分钟，他说我的状况良好，我也很高兴。

许老师曾多次来到南极工作，对这里非常熟悉，沿途告知我们长城站很多设施的用途，并介绍了其他国家的站区。他还告诉我，在南极行路，有一句特别的箴言，那就是"走别人的脚印"，这样不容易出现半条腿陷入雪中的险境。途中，还看到几个小企鹅自由玩耍，甚是可爱。我们一同来到智利空军站，看到室内挂满了历年智利南极科考队员的全家福。一位军官指着墙上其中的几个大幅照片，告知我们照片上这几个是遇难的科考队员，言语间流露出缅怀之情。接着，我们又参观了智利小学、教堂、医院、银行和智利国家南极研究院等建筑。智利小学是南极唯一的教育设施，教员都是义务的，学生全部是部队和科考队员的孩子。现在正值南极的夏天，他们都随父母全部回智利度假去了。

午饭后，我们在长城站内接待来访的智利客人。我为他们介绍了我来南极的工作内容，俞站长突然提到，郝老师还有一个专为南极设计的台灯，他迅速返回房间拿了过来。可是我怎么也不能把它点亮，触摸键完全失灵了。可能是因为在俞站长房间点亮了好久，LED太热所致，这个灯真不给我面子啊！

下午应一艘阿根廷邮轮的邀请，我们一行八人乘橡皮艇前往参观。我对邮轮并不陌生，曾经在10年前坐过一次从夏威夷到墨西哥的邮轮，历时两周时间，转遍夏威夷岛。那是由地中海游轮公司经营的世界一流的邮轮。这艘邮轮自然不能与之相提并论，但是这艘邮轮的特别之处是它的路线——南极大陆。我们到邮轮上参观了各个部分，最后来到餐厅，自然又是一番盛情招待。我冲了杯奶茶，吃了他们特制的糕点，临走时还享用了特制的鸡尾酒。这艘邮轮上的客人本来计划今晨飞离南极，但因天气不佳，飞机无法起飞，所以临时安排乘客参观科考站，明天他们就要来长城站参观。张副站长关照我，明天积极配合万医生，把所有礼品拿出来卖，看看能有多少收获。嘿！我要当南极售货员了。

It is quite hard to live and work in Antarctica because of the lack of fibrous food. One's gastrointestinal motility decreases. Lao Xu, Dr Wan, and other expedition personnel from the Beijing National Meteorological and Marine Centre, advised us to follow their example in trying to accelerate our gastrointestinal motility.

1
昨晚十一点钟的乔治王岛
2
智利站的储油罐，正在维护
3
智利国家南极研究院，INACH（Institute of National Antarctic of Chilie）

4
雪地摩托车
5
这个车，轮子是可以换的
6
我喜欢这个东东

1

2

3

1
从智利站拍到的企鹅岛，
看到没，密密麻麻，全是
企鹅
2
这是他们休闲聚会的地
方，还是很惬意的
3
这是智利南极科考遇难队
员，或因为大火，或因为
遇险，或因为车祸等等
4
停靠南极的阿根廷邮轮

5
阿根廷邮轮
6
参观驾驶舱
7
猜猜这是什么？告诉你
吧，这是邮轮上用于消毒
鞋底的池子，为了不让任
何生物体带入南极
8
智利国家南极研究院科学
家来访

4

5

6

7

8

12 与大厨切磋餐饮灯光的设计问题
Addressing the Problems of Restaurant Lighting Design with the Chef

刘大厨来自武汉商业服务学院，是位老师，在学校主要教授烹饪。他听说我是灯光专业的，一路上就不停地与我探讨灯光与餐馆、超市的问题。他曾经在超市实习过，在酒店餐饮部门也工作过，是一个勤于思考的人，一直想着如何进步。

今天，我特意早早来到综合楼上我们就餐的餐厅。他就厨房和餐厅就餐区域的灯光与我进行了深入的探讨。他开始谦虚地说，自己问的问题可能不专业，可能不是我感兴趣的，觉得我是承担大项目的专家。我告诉他，其实不是这样。我对他提出的问题特别感兴趣，如灯光怎样塑造和表现中国菜式，因为中餐与西餐很不相同；超

市中如何照射冰鲜食品，如何照射货架上的商品；如何将一个厨房操作间照射得更加明亮，提高厨师的工作效率，特别是辨别肉类、海鲜、蔬菜等的品质。这还不专业啊！我告诉他，这才是真正的专业问题，专业问题是不论大小的，并不是大的项目如城市照明才是专业问题，中国照明工程不注重人生活的空间——即室内的照明，是大家习以为常的事。这跟我们的思维：只注重表皮不注重内在本质不无关系。

在照明领域里，我们更应该花大力气关注教室、医院病房、老年公寓的照明问题。当然，这里的极地科考站区也同样重要，因为这里面往往蕴含着科技与艺术的大命题。

Chef Liu comes from Wu Han Commercial Service College where he mainly taught cooking. He did his apprenticeship at a supermarket and also turned his hand to hotel catering. He heard that I work in lighting and he is always eager to discuss the problems of lighting in restaurants and supermarkets. I find him a keen thinker who is always seeking ways to improve his work environment.

1

2

3

4

1
刘大厨在给我讲厨房操作
间的一些专业的照明问题
2
我们天天在此吃饭的餐厅
3
操作间里的大冰箱
4
他们在准备中午的饭

13

2012-12-16 03:19:00

长城站第 29 次科考队第一次会议

The First Conference of the 29th Expedition
Team at Great Wall Base

昨天晚饭后举行了长城站第 29 次科考队的第一次站上会议。会议在科研栋一层的会议室举行，傍晚 7:25 大家都到齐了。

站长首先宣读了国家海洋局极地办的两个传真文件：一是热烈祝贺长城站 28 次科考队和 29 次科考队顺利交接完毕，29 次科考队在长城站已成功运转；二是宣布同意长城站班组成立。之后是站长总结了进驻长城 9 天来的情况和存在的问题，以及注意事项，包括以下几个方面：

（1）安全问题：安全是南极科考第一重要的问题，在北京就宣布了科考的原则是安全第一，仪器第二，工作第三。特别是不过分强调工作，保证科考队员的绝对安全。出野外必须携带对讲机。

（2）网路使用：不能在房间视频聊天或下载影片，主要是站内带宽只有 512kB，长期占用，会影响长城站与北京的联系。

（3）卫生制度：每人负责一天的卫生值日，打扫范围包括公共走道，底楼的旧食堂，洗衣房等。

（4）频道占用：乔治王岛的通讯，首先使用 16 频道相互联系，然后再转为专用频道。我们的队员经常占用这个公共频道，导致外国站区不能呼叫。要求大家呼叫通畅后，务必转为自己的专用频道。

（5）交通工具：如有第二天使用车辆的，务必前一天晚上告知站长，由站长协调机械师，分配雪地车或摩托车。

（6）就餐时间：尽量按照就餐时间吃饭，如有中午不能回来的队员，应提前告知，以便备饭。

（7）卫生间使用：卫生间的马桶不能丢卫生纸，这里不同于国内，下水管道很细，更主要的是这里有高度的环保要求，卫生纸要经过焚烧处理。

（8）保持安静：晚间十点以后，说话声音要小，不能影响隔壁房间队员的睡眠。

然后是每个班组和每个科考队员发言，总结一周的工作。我主要谈了下周学术报告安排的事情，准备每周二次，每次一小时之内结束，要求大家每个人准备 PPT，将自己领域的工作与大家分享，也便于大家之间互相了解，主要是以科普内容为主。大家一致要求我第一个作报告，我的报告内容就是：半导体照明在极地站区的应用以及光健康。另外，汇报了已经佩戴体动仪的三个队员情况，其中妙星皮肤过敏，建议他洗澡后擦干水分。另外，队员经常忘记按标记钮，因此再次做了提醒。这时，张站长提出，他也想佩戴，我说好啊，又一个"小白鼠"产生了。

Last night after dinner, the first conference of the 29th Great Wall expedition was held. It took place at 6.55 PM in the meeting room on the first floor of the Scientific Research dong. The station director firstly read out two faxes from the Regional Polar Office of the State Oceanic Bureau. The first read: "congratulations on the smooth transition of the 28th and 29th expedition teams and for best wishes for the future success of the 29th team." The second fax contained more congratulations for new team. Then the director summarized some of the problems and necessary precautions we needed to bear in mind after our nine days of Antarctic experience.

1

2

3

1
开会时大家还是蛮认真的
2
在我和俞站长（中间手拿文件者）之间坐着的是张副站长，也是长城站的管理员，来自中国极地研究中心
3
会议结束时，不知海豹专家妙星在跟万医生说什么，弄得他一脸无奈

14

2012-12-16 05:41:04

乌拉圭站科考队交接仪式
Uruguay Station's Handover Ceremony

今天一早起来，准备随同俞站长和小吴一起去参加乌拉圭站区 28 次与 29 次南极科考队的交接仪式。我检查了相机，电量、储存卡都没有问题，接到俞站长电话后，急忙下楼，换鞋、穿上队服，正准备出门时，听到 16 频道对讲机的呼叫，是智利站要我们转到 14 频道有事要讲，结果妙星怎么也调不到 14 频道，恰好许老师赶到帮助接收呼叫。原来是智利站问我们的车还能装下多少人，他们有几个人要乘我们的车一同前往，估计是他们没有多余的空间了。

接着，我们就出发前往智利站接人。原来是智利海军的两个队员，拖家带口上了我们的车。他们的夫人带着孩子陪着丈夫驻站两年，真是太令人钦佩了。我问其中一位：孩子教育怎么办？他自豪地指着母亲——她就是老师。这种情形，在智利站很常见，所以他们专门设有家属区和小学。孩子们在这种环境生活过，将来应该是孩子们成长中最重要也是最快乐的一段记忆了。

途中，遇到一个较陡的大坡，雪地车怎么也不能前进。无奈大家只能全部下车，机械师小彭一人开车走 S 形，大家异口同声、大呼小叫地给雪地车加油，终于绕过了这一段积雪较深且松软的地段。不一会儿，我们就来到

了乌拉圭站。进到屋里一看，里面早已满满地聚集了韩国、智利、俄罗斯、乌拉圭等国的队员，大家相聚一起，见证乌拉圭站 28 次和 29 次科考队的交接仪式，大概是来自乌拉圭的电视台也架起机器，做起了新闻采访。仪式开始，由一位女队员主持，首先感谢大家远道而来。接着是新老站长交接签字，老站长发表离别感言，新站长发表就职演说，政府官员讲话。然后是两届队员互换礼物，整个交接充满了庄严而激动的仪式感。之后就开始了欢乐的宴会。俞站长送给乌拉圭新站长 Guse 礼物，是我们长城站 29 次小队的队旗，上面是全体队员的签名。大家热烈而亲切地交谈着，尽管他们大都讲西班牙语，会英语的比较少，我们也试图学习简单的如"你好"、"再见"等简单用语。韩国站长走过来，同大家问好，并说他们站明天从智利的补给就到了，下周就可以邀请我们去他们站做客。我赶紧表示我对他们站的 LED 植物工厂非常感兴趣，他说希望那些蔬菜快点长，等我到的时候，能长出点叶子，而不是目前的嫩芽。酒足饭饱后，我们载着智利站的两家人顺利返回。回到生活栋，我们刚换好拖鞋，就听张副站长高声喊：同志们，厄瓜多尔站来访了！小吴听后跟我苦笑地说：我的天啊，我不行了。因为他又要带着来宾们参观了。

Today when I woke up I had to be ready to accompany the directors of the base, Yu and Xiao Wu, to participate in the handover ceremony between the 28th and the 29tth teams at the Uruguayan Antarctic Base. When I arrived at their central quarters it was full of expedition personnel: from Korea, Chile, Russia, Uruguay and some other countries. We assembled to witness the handover ceremony.

1
大家鼓掌庆祝成功交接
2
新旧站长交接签字
3
大家视他们为领袖人物，
纷纷合影留念
4
青春美少女——新驻站的
乌拉圭女队员

1
乌拉圭站外景
2
回家喽
3
孩子们今天可尽兴啦，他们可要在这里呆两年啊
4
电视台采访智利海军站站长
5
费劲聊半天，最后也不知聊的啥（西班牙英语对中国英语）

企鹅吵架图
Penguin Fighting Images

1
开始了
2
不可开交
3
已彻底急眼
4
吵不赢，躲着走
5
一起闹到了水里面
6
大家都吵累了

16

2012-12-17 08:10:56

酝酿第 29 次科考队南极大学长城站分校
Creating the University of the 29th Great Wall Antarctic Expedition

今天雨夹雪，气象学家许老师的预报太准了，大家都没有外出，毕竟安全第一嘛。

我按照站长的指示，去落实教员和教学内容，因为 29 次科考队南极大学长城站分校下周要开学了。学校计划每周二和周五晚饭后开课，半个小时上课，20 分钟提问和讨论，考虑到大家的承受程度，上课时间不敢太长，否则怕逃课太多，最后大家都肄业了。

大家都非常关心大学的课程组织和形式，站长任大学的校长，我呢，则担任教务长。后天将举行隆重的开学典礼，还要有学分呢，分期毕业（因一月份有几个队员就要离站），到时毕业典礼还要准备纸质博士帽，弄些帽穗，让校长从左边拨到右边。

目前已确定的课程题目为：中国南极新建考察站选址情况介绍（同济大学的建筑与规划设计部门可以考虑参与）、中国北极战略相关问题、南极海豹的种类与分布、南极生物遗传资源开发现状、电子通讯、食品安全、珊瑚礁

生态系统、南极持久性有机污染物概述、验潮原理和应用、测绘基本概念——以南极长城站为例等，陆续还会有更加精彩的内容报上来，大家都热切期待中。

我下午去科研栋寻找投影仪，这可是必备的武器，现代教学的手段，没有它估计大家授课就没有兴趣了。我把所有的柜子包括站长办公室全部翻了一遍，仍然杳无踪影。恰巧碰到气象学家许老师值班，给我讲了很多大地气象监测方面的知识，我也是第一次看到气压标定的汞柱、量雨器、卫星云图等，他们要不间断地收集数据，报给世界气象组织，数据绝不能断，否则就是严重的事故。气象的数据要积累一定程度，才能有科学研究的价值。现在我也能够看到专业的气象图了，根据气压差知道哪里风大，哪里下雨。

一时找不到投影仪，也快到吃晚饭的时间了，小吴答应我晚饭后一起找。回到生活栋，顺便问了张副站长是否看到过投影仪，他顺手从他屋子里的柜子上拿了出来，嗨！真是得来全不费功夫。

The Great Wall Station's University campus will begin next week for the 29th Antarctic expedition group. I have the job of arranging a faculty and some teaching content and after dinner I have to prepare for classes that will take place every Tuesday and Friday. We will have classes for half an hour followed by twenty minutes for questions and discussion. So that everyone in the team benefits from the classes and to ensure that they will attend them all, I need to keep in mind everyone's tolerance levels and keep the length of the classes reasonable.

1

2

3

4

1
找找看，有一只不是帽带
企鹅
2
帽带是指企鹅的下颚处有
一条细带
3
帽带企鹅身高 43~53 厘米
4
面部

小傅全名叫傅建捷，浙江人，来自北京中国科学院生态环境研究中心。他个头不高，为人和善，博士读完后就留在了目前这个单位。他告诉我为什么这次只能呆一个月——老家绍兴家中父母身体不好，只有他一个孩子，所以他还是想这个春节回家陪父母过。

大概由于只有这宝贵的一个月时间，所以他来到长城站后，几乎天天出野外，即使由于天气原因不能出外，他也抓紧时间在科研栋处理样本：脱水、风干等。特别让人心疼的是他的脸，我记得大概第三天他的脸就被强烈的紫外线晒伤了，红得有点发黑的双颊，尤其是鼻子，感觉就像马戏团那个大鼻子的小丑，跟他的小脸相比，只觉得他那个鼻子大了一号。晒伤的第二天，他告诉我，昨晚脸好疼啊，我提醒他务必出门要涂沫防晒霜。万医生找了一些药膏，帮助他减轻症状。

记得有天下午，他和妙星准备要去山顶更换地磁台的一个部件，他们邀我一起过去。我怀着好奇心，跟着他们一起爬到山顶。沿途厚厚的积雪，让平时不怎么远的路变得异常艰难。只见他时不时陷入积雪中，整个人都快不见了。后来，他索性跪在雪面上，匍匐前进。他手里拿着各种器材，琢磨着地形，他要循着以前驻过站的同事告知他的位置，找到更换的地点。我说你简直就是玩探宝游戏啊。话是这么说，但一个一个换下来，真的是辛苦了小傅。我跟他们在山顶呆了一会儿，就彻底受不了啦，风太大，我只好自己一人先下山。

几天来，我脑海里始终出现着他跪地前进的英雄式画面，怎么也挥之不去。他就是一个普普通通的科研人员，但他兢兢业业，将所有山顶应该更换的地方，全部完成。这些天，他又在海边采样，昨天是贝类，今天是海螺。他时不时还通过 29 次科考队的 QQ 群发我一些欢乐的照片，快乐地工作着。我真的被他感动了。

Xiao Fu's full name is Fu Jianjie, a Zhejiang man from the Eco Environment Research Centre of the Chinese Academy of Science in Beijing. Not such a tall man but a very nice man. I remember on about my third day here seeing that his face was very badly sunburned because of his work. He sported a worried look and his red cheeks were almost black. The UV burns were even more pronounced on his nose when compared to the burns on his small face. I remember that one afternoon he was going out to replace geomagnetic instruments on a hilltop with Miao Xing. The way there was thick with snow and the journey was difficult. I saw him fall from time to time where people have been known to have entirely disappeared from view in the snow. After a few falls he knelt in the snow, inching forward across the terrain, carefully holding the equipment. A previous station colleague had advised him to go out on patrol regularly to replace equipment when necessary. He told me that because of bad sunburn, his face had caused him pain the previous night. I reminded him that he must apply sunscreen whenever he goes out. So Dr Wan then found some creams to help ease the painful symptoms.

1
跪地前行的小傅
2
地磁台更换部件
3
山顶工作
4
妙星协助

18

消防演习——灭火
Fire drill – Douse that Fire

今天中午大约两点多，当大家还在午休的时候，生活栋突然拉响了警报，张副站长在楼道里狂喊："着火了！紧急疏散！"于是不知道的人一脸紧张加茫然，急急忙忙跑到楼下穿鞋子，冲出户外。那些磨磨蹭蹭，貌似还在睡梦中的队员，慢慢悠悠地把该穿的保暖服穿好了才走出来，这绝对是事先知道内情的。

大家在发电栋后门集合，只见张副站长拿了个桶、汽油、数个灭火器，准备开始灭火演习。谁知火怎么也点不起来，大伙儿跑来跑去，还是老高有经验，终于把火点着，顿时大家笑称老高是"纵火犯"。

副站长指挥我第一个灭火，我拿起灭火器来，不知按哪里，只听张副站长喊：把插销拔掉，可我怎么也拔不动。最后他亲手帮我拔开，这时我冲到火海里（哪里是火海，就是一小桶火），我按下手闸，只见一团黄色喷雾随着高压出来，火立即就灭了。接着大家一个一个进行，每个人都必须亲自操作（这让我想起我们实验室的灭火器，我知道位置，但从来没有实际操作过。看来这样的演练还是非常必要的，因为我一直认为灭火器拿起来就能灭，而且只记得是白色泡沫，像今天这种黄色粉末的，我还是头一回见），因为人命关天，必须自救啊。最后，是俞站长进行消防演练总结。我清楚记得他最后的话："小火就扑灭，大火赶紧跑。"

At about two o'clock this afternoon, we suddenly heard the alarm sound in the living quarters when everyone was enjoying a midday break. Deputy chief Zhang shouted down the corridor that the building was on fire and that there had to be an emergency evacuation. People became tense, looked blankly at each other, then they all hurried downstairs to put on shoes and rush outside.

Everyone gathered at the back door of the power generation building, ready to start fire-fighting drills. It seems we all have to look out for ourselves in a life-and-death situation. When the drill was over, Yu conducted a review. All I remembered were his last words: in the event of a small fire, extinguish it, but if it's a large fire, run quickly!

1

2

3

1
第一次举起灭火器
2
第一步，先把火点着，费
了半天劲，就是点不着
3
俞站长消防演习总结

19

开学典礼及第一堂课
An Opening Ceremony and the First University Class

今晚我们的南极大学长城站分校终于开学了。班长小吴主持了开学典礼，站长俞勇作为校长致辞，我作为教员，上了第一堂课。

下面是我给站长起草的校长致辞，及上课纪律要求和目前已有的课程表。

南极大学长城站分校开学典礼校长致辞（讲稿）：
各位亲爱的长城站科考队员，大家晚上好！今天是我们南极大学长城站分校开学的第一天，我与大家一样，无比地兴奋和期待。经过这几天大家的共同努力筹办，我们的大学如期开班了（鼓掌），在这里我和副站长一起感谢大家的辛劳（热烈鼓掌）。
南极大学有着光荣的办学传统和理念，"汇聚科考智慧，传递环保思想，绽放人性光辉"是我们办学的宗旨，"分享极地科考知识，共度极地美好时光"是我们的教学目标。希望大家在接下来的课堂教学中，能够了解不同领域的学科知识，丰富我们的头脑，愉悦我们的心灵，努力完成在长城站的各项学习任务。

我在这里祝大家学习进步，身体康健，收获知识，认识南极，顺利毕业！

谢谢大家。（鞠躬，掌声响起）

一、上课要求：

1. 教员要认真备课，最好使用 PPT，讲课要点明晰。

2. 大家要准时上课，不可无故缺席。

3. 班长负责点名，缺席扣分，达不到规定的学分，只发肄业证书。

4. 学员积极参与讨论，敢于提出自己的观点。

备注：办学宗旨和教学目标都是我制定的。（供大家参考）

Tonight the Great Wall Antarctic University finally had its first session. Class monitor, Xiao Wu, presided over the opening ceremony and Yu Yong, head of the station, made a speech. I conducted the first class.

二、课程安排

主讲人	题目	时间	备注
郝洛西	中国极地科考站区半导体照明与光健康应用	2012 年 12 月 18 日（周二）	
吴雷钊	中国南极新建考察站选址情况介绍	2012 年 12 月 21 日（周五）	
许淙	长城站区气象报告工作	2012 年 12 月 25 日（周二）	
刘弼仁	珊瑚礁生态系统	2012 年 12 月 28 日（周五）	
傅建捷	南极持久性有机污染物概述	2013 年 1 月 1 日（周二）	
俞勇	南极生物遗传资源开发现状	2013 年 1 月 4 日（周五）	
吴雷钊	中国北极战略相关问题	2013 年 1 月 8 日（周二）	
张国强	长城站站务管理	2013 年 1 月 11 日（周五）	
妙星	南极海豹的种类与分布	2013 年 1 月 15 日（周二）	
柯灏	验潮原理及应用	2013 年 1 月 11 日（周五）	
王兆祥 陈迎俊	测绘基本概念及应用——以长城站为例	2013 年 1 月 15 日（周二）	联合授课
万文犁	泌尿系结石防治	2013 年 1 月 18 日（周五）	
刘虓	食品安全	2013 年 1 月 22 日（周二）	
殷赞	电子通讯	2013 年 1 月 25 日（周五）	

1
大家准时参加开学典礼
2
既科普又专业，这种讲课
方式难度很高
3
校长致辞

20

帮厨
Helping in the Kitchen

中午吃饭前我与林老师通过 QQ 在线联络，主要是科考队员妙星所戴的体动仪昨天电量彻底耗尽，我现在连数据都读不出来，原来出发时说可以使用至少一年，现在仅仅 15 天就没电了。我紧急向林老师求救，她已与香港联系，由香港向美国总部报告，他们需要我这边提供一个电脑读数界面。我猜想有两个原因：一是户外温度较低，电池耗电太快；二是妙星按键做标记，总怕没有按上，估计他按键时间过长，表盘亮灯耗了不少电。总之，得尽快从国内提供更换电池，否则妙星的数据就白白损失了。最后的一线希望，是盼着第二批到站的队员能够在 2013 年 1 月 10 号上站时把电池带过来。

午饭后，张副站长号召大家去库房搬运一些食品到生活栋，我也很想去，但是体力活有这些年轻力壮的小伙子干，我自然靠边站，也怕去了给他们添乱。

从餐厅出来时，听到许老师和朱大厨说，下午 2:00 帮厨包包子。我记住时间，准备过去帮厨，为集体做些力所能及的事。

下午 2:00 我准时来到餐厅的厨房，许老师、高老师、刘大厨、朱大厨都已经到了，我迅速洗手加入其中。今天的包子馅儿分别是羊肉和牛肉两种，是为早餐准备的，因为冷冻的馒头已经吃完了，补给现在还没上来。只见许老师熟练地擀皮儿，朱大厨和刘大厨负责包，毕竟两位大厨是专业的，收口非常讲究。我虽然是北方人，不过面食技术很差，更没有像东北人那样熟练擀皮儿的技术，我不会一手拿擀面杖一手惦着皮儿擀的绝活，但我两手握擀面杖，也能把皮儿擀得中间厚边上薄，当然速度很慢，跟不上两位大厨包的速度。

我极喜欢吃带馅儿的东西，如包子、饺子、馄饨，还有上海的生煎，但有牛羊肉的我都不吃，所以我到北京吃火锅从不吃涮羊肉。我喜欢做西餐，尤其是我的意大利面，被我的博士生杨秀冠名为"集成创新的意大利面"，团队中的大部分成员都曾到我家尝试过我的"创新集成"，事实上这并不是我的"发明"，是去年在美国伦斯勒理工学院（Rensselaer Polytechnic Institute）做访问学者时，跟房东 Sharon 和 Paul 夫妇学的，Sharon 还教会我一种用墨西哥酒 Tequila（龙舌兰酒）加 Tonic（奎宁水）、青柠檬、冰块调制的鸡尾酒，佐餐的沙拉是用烤鸡、Arugula（芝麻菜）、Avocado（牛油果）、柿子椒、杏仁片，配意大利醋汁沙拉汁拌成的。吃之前，要来点苏打饼干配西式橄榄和 Goat Cheese（山羊奶酪），喝着带汽泡的矿泉水，才叫够地道。然后将煮好的意大利面，拌上瓶装的番茄酱（各种口味，但我们中国人喜欢香肠并带点辣味的），喝着刚刚调制好的鸡尾酒，应该说没有人不喜欢这种吃法。酒足面饱后，不能忘记最后一道"程序"——什锦水果拼盘，我基本是以香蕉、脐橙、提子为主，注意一定要把水果切片摆入精美的盘中，再滴上些巧克力酱，视觉效果特别好。

哈哈！我现在身处极地，只有"画面充饥"。由于条件所限，在这里很难吃到新鲜的蔬菜和水果，每天都是牛肉、羊肉、猪肉、火鸡等冰冻肉类食品，鸡蛋倒是不缺，天天都吃。所以等我我回到上海后，不！应该是说到北京后，要立马先叫上几大盘青菜，狠狠地解解馋，再美美地吃上一大堆新鲜的各种水果，先过把瘾再说。

When I was coming out of the restaurant I heard teacher Xu promise chef Zhu that he would help make some steamed dumplings at two that afternoon. I remembered hearing this later and thought to myself that I should also be prepared to come and help with the cooking and do what was helpful for the group.

1

2

3

21

2012-12-21 01:30:21

听，南极的风
Listen...the Antarctic Wind

今天早早地，我就被南极的风叫醒耳朵。

随着呼呼的风声，我知道这应该是岛上不小的风力，大家今天应该都不会出门了。

茶余饭后，有经验的老队员总会提起那些科考的往事，或是讲着那些传说中的历险记，甭管真假，在这里不能无畏冒险，珍视生命应该是人类，尤其是生活和工作在极地的人们最高的情怀。

中午吃饭时，听气象学家许老师说，今天的风力有 7 到 8 级，风速约 12 米 / 秒，中午的气温在 0℃左右。小傅认真地说："今天谁要出去，等于就是自杀。"小陈说："这种天气出去，身体温降会非常快。"我一脸茫然地看着他们。不知谁又一搭没一搭地说了句："南极不怕雪，就怕风啊！"这时张副站长透过餐厅厚厚的双层玻璃窗凝视着海湾对面的韩国站，操着洋泾浜上海话："以前

韩国人碰到这种天气是无所谓的，他们就像敢死队一样，即使恶劣的气候他们也不会退却的。但自从去年韩国队员出事后，他们就再也不会蛮干了。"我猜想，一定是韩国队员在非常糟糕的天气中外出而出事的，据说是皮划艇翻了，队员的头撞到礁石上而牺牲。所以我来到长城站听到最多的一句话就是：要求大家出去务必看天气和潮汐表。安全！安全！还是安全啊！

我用手机录下了一段风声，本想放在博客中，但是找不到上传的按钮，站上已禁止视频的上传和下载。现在风越来越大，呼啸着，凭海临风（刚刚想把手机放在窗外录音，结果一开窗，风简直就是肆虐而来，我立即关窗紧闭，天啊，超级大的风），我从窗口向外望去，海面浪花簇拥着，遇到礁石，掀起大浪。我们的房子在风的咆哮中，也在吱吱嘎嘎作响。平日里燕鸥和贼鸥的翱翔彻底消失了，企鹅和海豹更不见了踪影，想必他们也在哪里躲避着南极洲的坏天气吧。

When I heard the howl of the wind on the island today, I knew this was a significant gale and that it would not be advisable to go out. When I was having lunch, I listened to meteorologist Xu saying that the wind that day was Force seven to eight, wind speed was about 12 m / s and that the midday temperature was around freezing. I looked through the window at the surrounding sea, spray and waves breaking over the reef. Our buildings creaked and groaned in the roaring gale.

隔窗拍到的风中南极

今天下午，有一个中外南极记者旅游团乘阿根廷邮轮，从阿根廷乌斯怀亚出发，越过德雷克海峡，约好要在长城站上吃晚饭。可是今天的天气真的是太不给力了。下午 2:00 多，他们的邮轮就在海湾中抛锚停靠了，一直期待能择机登岛，但是守候了整整一个下午，都没有成功。事实上，张副站长早就准备着这批记者团的到来，特意关照大厨们准备着面条，迎接我们的亲人。听说中国记者特意带来了 8 箱水果以及 iPad（不知是真是假），特别是水果，那可是大家特别期盼的。

在下午等待的过程中，记者在船上与长城站进行连线，采访工作就这样开始了。先是记者团领队与俞站长进行交流，我偶然听到几句，类似"你们主要开展哪些科考项目？""目前有多少人在站上？""几个女队员？"等问题，站长一一作答。接下来，就是老乡对老乡式的采访，即来自山东的记者采访山东的队员，或四川记者采访四川队员。我听见朱大厨对他家乡的记者用山东话说："俺不走了，俺爱上南极了，问乡亲们好。"末了还加了一句："老婆，俺爱你！"逗得大家哄堂大笑。然后是大家凑在一起，十分不整齐地高喊着：我们是中国第 29 次南极科考队长城站队员，我们祝祖国人民新年快乐！家庭幸福！身体健康！这下可把张副站长急坏了，他急忙喊我：郝老师，把这段话写在纸上，让大家照着喊。我立刻遵命。再来一次就好多了，声音洪亮、协调一致。

眼看时间已经过去了三个小时，风势根本不见减弱，应记者们的要求，我们所有 22 个队员在站长和副站长的带领下，扛着 29 次科考队旗和五星红旗，冲到海边，与他们的游船隔湾相望，外面的风非常大，人都很难站稳，倒是两面旗帜迎风飘扬，我们冲着邮船又喊又叫，拼命挥舞着双手，只听俞站长的对讲机里不断传出邮船记者的声音："祖国人民不会忘记你们，我们永远惦记着你们"等话语。

最后，船不得不开始掉头了，我们也都回到餐厅吃饭。从餐厅望出去，游船在慢慢远离我们。张副站长好不惆怅：要是他们能来多好！不知谁说了句："站长，你是盼着那几箱水果吧。""你懂什么呀？人家来一趟也不容易，大老远来，就差一公里，没有登上长城站，你说遗憾不？"想想也对啊，就这么近的距离，这么近的我们，但是面也没见，饭也没吃，有个队员说："我们弄个皮划艇过去吧，至少把水果拿过来"。"对啊对啊，要不他们把水果扔下来，我们去捞。"这时一个大嗓门队员说"捞得着吗？早都被海水冲走了。""他们如果从蓬塔乘飞机来，就没问题，至少可以空投啊！"又是一个假象主义者。现在我终于体会到，在南极科考站，为什么说"吃"最重要，为什么说补给的飞机不能降落，是最让人失望的事。这次总算是彻底明白了。

This afternoon an Argentinian cruise ship was bringing a team of Chinese and foreign reporters from Ushuaia, through the Drake Strait to Great Wall Station. We had made arrangements with them to have dinner together at our base. They were buffeted by terrible weather and the ship could barely move forward so it had to anchor in the bay and wait for a break in the weather before anyone could disembark. They waited for a long time that afternoon but failed to make land.

1

2

3

1
邮轮停靠在距长城站只有
一公里的海湾中
2
大队人马走向海边
3
向祖国人民问好（右边低
头的是我，我还在雪地里
挣扎，人还没站稳，他们
就喊上了）

23

一切，这也是一切
All

前几天到科研栋开会，随手到图书架找了几本书拿回宿舍看，其中一本就是《北大文学讲堂》。这是一本根据北大中文系招牌课程——《中国现当代文学名著研究》的授课录音整理的。一个学期的课由中文系资深学人担任，内容涉及鲁迅、周作人、郁达夫、张恨水、矛盾、沈从文、钱钟书、穆旦、张爱玲、汪曾祺、王蒙、北岛、海子等经典作家，其中一课是汪子诚教授主讲的《北岛和朦胧诗》。北岛的诗境悲观，有着心如死灰的情绪，招致主流派文坛的批评：颓废、不健康、悲观主义、虚无主义。正如北岛在《一切》中所写。

一切都是命运／一切都是烟云／一切都是没有结局的开始／一切都是稍纵即逝的追寻／一切欢乐都没有微笑／一切苦难都没有内容／一切语言都是重复／一切交往都是初逢／一切爱情都在心里／一切往事都在梦中／一切希望都带着注释／一切信仰都带有呻吟／一切爆发都有片刻的宁静／一切死亡都有冗长的回声

比较有趣的是，与北岛同时代的另一位诗人舒婷写了《这也是一切》来呼应，她的诗较长，摘选如下。

……不是一切大树都被暴风折断／不是一切种子都找不到生根的土壤／不是一切真情都消失在人心的沙漠里／不是一切梦想都甘愿被折掉翅膀／不，不是一切都象你说的那样／不是一切火焰都只燃烧自己而不把别人照亮／不是一切星星都仅指示黑夜而不报告曙光／不是一切歌声都掠过耳旁而不留在心上……

今天，我们的学生难以理解八十年代出现的"伤痕文学"和"朦胧诗派"，我不由感慨一代就是一代，就像有了电脑，再也不会用丁字尺、一字尺、硫酸纸、针管笔画施工图了。那个时代，文学对我们来说真的是精神食粮，没有网路，没有电视，半导体收音机就是我们最好的伙伴，听曹灿、孙敬修讲故事，看《收获》、《花溪》等小说连载。除了北岛，那个时代还有顾城、舒婷、江河等诗人，顾城著名的《一代人》诗句："黑夜给了我黑色的眼睛／我却用它寻找光明"成为我们多少青年学生对历史乐观的期待；舒婷的《致橡树》："我如果爱你／绝不像攀援的凌霄花／借你的高枝炫耀自己／我如果爱你／绝不学痴情的鸟儿／为绿荫重复单调的歌曲……"充盈着浪漫主义和理想色彩。但不幸的是，顾城和谢烨、英儿和刘湛秋他们之间的人生悲剧，让更多的人扼腕叹息。再后来英儿的《魂断激流岛》道出了故事的原委，这就是那个时代的人追求纯真感情的一种朴素方式。

A few days ago we had a general meeting in the Research Building. Prior to the meeting I had found some books and brought them to my room to read, one of which was The Literary Forum of Peking University. This book is from one of the most popular Peking University courses called The Study of Modern and Contemporary Chinese Literature. Dr Wang Zicheng, an academic there, once analyzed a book called Beidao's Obscure Poetry. Dr Wang judged Beidao's poems as pessimistic and rather gloomy. In his opinion those poems were decadent, negative, full of pessimism and nihilistic and consequently they are hardly appreciated in mainstream literature. I prefer to read Beidao's beautiful poem called All.

24

2012-12-22 01:12:58
劳动最光荣
Work is Wonderful

今天是 21 号，就是大家传说的"世界末日"，上帝真是太"眷顾"我了，在生命的尽头都不让我闲着。哈！今天我值日。

昨天晚上，我与我的博士研究生在网上聊天，他说：郝老师在不？我答：在，写博客呢。他接着说：今天可是世界末日。我答：你们那里先末日，俺们这里后末日。他又说：不，这次是统一的。我接着问：几点啊？他说：按照玛雅人的时区是北京时间下午三点多。我猜他一定想，都什么时候了，郝老师还有心情写博客？

其实我昨天下午就开始值日打扫卫生了。根据站上的安排，每人都要帮厨和值日，值日主要是打扫生活栋的卫生。昨天俞站长嘱托，希望我把他的站长室重新布置一下，他觉得东西摆放不够艺术，可能因为站上只有我一个女的，而且有点艺术细胞，就把这光荣而艰巨的任务交给了我，他还让关照小吴协助我打扫。我首先察看了站长室的陈列柜，各种纪念品和摆设，有国内送的，也有很多国外站送的。墙面上大多挂着各个国家赠送的标牌，诉说着长城站国际交往的发展史。我首先将门口永远"张灯结彩"和永远"过年"的对联撕下来；接着将陈列柜中的不怎么有意义的东西清理出去；然后将门后的柜子收拾出来，把桌子上的茶具摆放其中；最后再把余下的

精品如神州六号飞船、中国南极科考直升飞机等珍贵礼物一一进行设计性摆放。最后擦洗干净，顿时焕然一新。站长感慨：郝老师真是"化腐朽为神奇"啊！

接着，我一鼓作气，将站长室外的茶室也进行了清洁，并给每个桌子配上了"马甲"——桌布（马甲的故事是妙星编的。我的行李箱有个保护套，每次他们帮助我拿行李时，都特别烦这个套子，因为可能不是原配，提手的地方总是被套子遮掉，很难发现。我的行李穿马甲的故事由此在队内疯传）。我从洗衣房柜子里发现了桌布，大部分是浅黄色的，有两条是酒红色的。我干脆就将这两条桌布铺在中间两张桌子上，下衬浅黄色的桌布，煞是好看。要不说，屋子一干净，再加点情调，就会聚人气。张副站长一看，不错嘛！他也来了干劲，找来两幅大型绘画，放在窗户处，以遮挡过强的光线照射。台湾来的刘老师也加入其中，把食品架整理得井井有条，把各种罐头、果汁、牛奶等食品拆箱摆放整齐。这时，许老师、高老师、小吴也来了（他睡了一下午，一点忙都没帮上），高老师给每个桌上放置了餐巾纸盒，小吴又找来精美的带垫咖啡杯，我给他们冲泡了奶茶，并顺手拿了一块饼干放在杯垫上，这几个男人们美滋滋地享用着南极的下午茶，好不惬意。看着通过我的劳动旧貌换新颜的环境，真的很有成就感，也倍感光荣。

Today is Dec. 21st, so-called Doomsday. The gods must be looking after me because I am busy this Doomsday. Ha! On duty! According to the arrangements that we agreed to on the base, everyone has to help with cooking and general duties. That means cleaning the living quarters building. Yesterday, stationmaster Yu asked me to rearrange the stationmaster's room. He thought that the furniture in the room was not very pleasingly arranged so he gave that wonderfully arduous task to me.

1
小吴帮我铺桌布
2
从洗衣房找来桌布
3
站长室（最高级别的重要
接待房间）

25

2012-12-24 04:17:18

今天在科研栋现场办公
Today I Work in the Research Building

南极的天真是说变就变，早上还好好的，下午便下起了雪。漫天的雪花横向飞舞，硕大的雪花夹着冰凌，落到皮肤上会感到小小的疼痛。这可是南极的夏天！听说我们来之前，雪已化得差不多了，山上露出了岩石，地面也开出了行走的路，但我们来到长城站，满眼望去是厚厚的冰雪世界。这不，这两天机械师觉得气温已经够高，刚刚开出些道来，如果今天下一夜雪的话，那就前功尽弃了。今天午饭后，我来到科研栋，在实验用灯及医疗实验器械没到之前（器材走的是国际海运，据说会在 2013 年 1 月 10 号左右到达长城站），我想先做些调研。

昨晚南极大学上了第二课，请海洋局极地办的吴博士讲了《我国新建站选址情况介绍》，我国准备在南极建第四个站。随着照明技术的发展和对光健康的关注，我想新建站的光照环境应该有所突破和创新。长城站科研栋在南极科考站属于比较新的科研用房，建筑面积 973 平方米，装备也不错，一楼是开放科研区域、开放式会议室（包括图书室）、站长办公室、生物培养室、控制室等；二层是气象室、通讯室、公共活动区域、配电、储藏和机房。一楼基本照明是 T5 荧光灯，二层除了 T5 荧光灯外，还有 CFL 嵌入式筒灯，但全部是高色温。顺便问了几个科考队员，他们觉得还是暖色温比较好，因为在南极整天面对单一寒冷的冰雪，从心理上感觉会好些。另外，他们提到室内装修的颜色是否可以丰富些，我想是因为在南极这个剥夺多元视觉的特殊地方，大家都更加渴望五彩缤纷的世界。

The weather in the Antarctic is changeable. Mornings can be sunny and afternoons can bring snow when icy snowflakes swirl about wildly. And this is summer in the Antarctic! After lunch I came over to the Research Building because, before beginning my experiment, I wanted to do take some preliminary readings of the laboratory lamps and medical instruments.

1

2

3

4

5

1
昨晚吴博士开讲《南极新建站选址情况介绍》，意义重大

2
二楼的气象室

3
会议室照明，T5荧光灯

4
注意天花上的多头花灯，估计更换光源是个问题，反正现在已经不亮

5
除了灯不亮，这个角落还不错，红色靠背的沙发与粉色的牡丹花

26

问鼎企鹅岛
Landing on Penguin Island

去企鹅岛看看应该是每一个来到长城站的科考队员的心愿。自从上次梦断企鹅岛之后，我就一直在准备能够再登企鹅岛，想看看传说中的企鹅孵蛋和那些可爱的刚出生的小企鹅宝宝。我们提前看好潮汐表，明白今天是最佳的时机，因为去企鹅岛要么步行走沙坝，要么乘皮划艇。如果走沙坝就必须考虑潮汐，在潮位降低时露出沙坝时进去，在涨潮开始之前务必返回。为了时间上的机动，也不想麻烦机械师，我、妙星、小陈、小王一行人决定还是步行，带上干粮（说起来就是几块饼干和几块巧克力，他们还带了些午餐肉等食物和水，但谁也不敢多喝，因为没有厕所使用）。在告知大厨今天中午不回来吃饭，并告知站长，带上对讲机和许可证后，我们在早晨八点半就出发了。

走之前，许老师特意告知我，由于积雪融化，到处是像小河般的潺潺流水，提醒我必须穿双胶鞋，我照着做了。的确，路况跟上次的太不一样了，积雪在快速融化，这样根本不能开雪地摩托车。我们沿着海边走，一路全部是砾石路，走起来异常辛苦。一路上，风景自然壮观无比，我看到了一个巴掌大的水母，三种类型的企鹅：巴布亚企鹅、帽带企鹅和阿德利企鹅，还有一只在岸上休息的威德尔海豹。一路上艰难的蹦跳式行走，终于到达了梦寐以求的企鹅岛。只见岛上密布着许许多多的企鹅，孵蛋的企鹅在山底有一些，山上基本是孵出的小企鹅和他们的妈妈（也许是爸爸，听说他们轮流护理幼崽，另一半经常去觅食）。有的企鹅还在搬运石块，继续做窝，也许将继续生育。只见他们面对大海，面对冰山，面对一望无际的辽阔大陆，安详地注视着远方。他们是南极洲的原著居民，他们守护着这片不为人知的乐土，他们繁衍生息，这里永远是他们最温暖的家。

A successful landing on Penguin Island is a dream that all the personnel of the Great Wall Station aspire to. After my last failed attempt I was still prepared to try again in the hope of seeing the legendary penguins, their eggs and chicks. This time, after a successful landing, I saw numerous penguins. They incubate eggs at the bottom of a mountain and the chicks and their parents reside on the mountain. Some of them carry stones to make a nest in preparation for laying. They stand facing the ocean, the icebergs and the Antarctic continent with complete equanimity. They are native to Antarctica and guard this cosy home, their own stunning little corner of paradise, where the cycle of birth, reproduction and death recurs ceaselessly.

1

2

1
企鹅岛
2
行路难

1

2

1
从企鹅岛望去
2
努力生产
3
听妈妈讲过去的事情
4
严防贼鸥袭击
5
亲亲，我的宝贝
6
世界真奇妙
7
咿呀学语
8
衔石筑巢

微电影——史上最浪漫的求婚
A Video–a Most Romantic Proposal

昨晚，小王来到我的房间，告诉我这次从南极回到哈尔滨，他就要与相恋多年的女朋友举行婚礼了。他想在南极企鹅岛上录一段求婚影像，到时在婚礼上给他最爱的人一个惊喜。他拿了一张纸对我说："郝老师，麻烦能否给我写段求婚的话？"我不假思索立刻答应了。经过半小时的思考，我决定自编剧本，亲自导演，邀请妙星担任摄像，小陈担任剧务，拍摄一部微电影——《史上最浪漫的求婚》。这里是我编写的剧本，供大家出谋划策。

《史上最浪漫的求婚》微电影（分镜头剧本）
编剧、导演：郝洛西
摄像：妙星
主演：王兆祥
剧务：陈迎俊

1. 镜头一
画面是冰雪的南极大陆，极目望去，远山、冰雪、海水、企鹅，男主人背对着镜头，张开双臂。镜头逐渐推近，定格后，男主人转身进入画面，心中充满了喜悦。

2. 镜头二
开始台词："我最亲爱的爱人！今天我作为中国第 29 次南极科考队队员，在这里——神秘的南极大陆、美丽的企鹅岛上，我要对亲爱的你说，嫁给我，我会让你幸福的！""愿我们的爱情像这南极的冰雪一样纯洁，愿我们的婚姻像这南极的海洋一样永恒，愿我们的生活像这南极的风光一样美丽。让天空、海洋、冰雪、企鹅为我作证吧，我要与你相伴一生一世，直到永远！"

3. 镜头三
男主人台词结束，镜头摇向幸福的一对企鹅，定格 5 秒，然后出现企鹅孵蛋，画面定格在刚刚出生的企鹅，企鹅一家幸福无比。

4. 镜头四
最后画面，用砾石在企鹅岛上堆出"心"形，中间是两个人的名字，永远镌刻在遥远的南极大陆上。

Last night Xiao Wang came to my room and told me that when he returns to Harbin, he would like to marry his girlfriend. He wanted to record a video proposal here in Antarctica and he was planning to surprise his fiancé-to-be. He asked me whether I would write a proposal for him and I agreed instantly. After half an hour's thinking I decided to write the script and direct the film myself. We invited Miao Xing to join us, as cameraman, and Xiao Chen as our support crew. We all worked to bring this video together for him— a most romantic proposal.

1
拍摄现场，我给小王举着
提示词
2
分别在企鹅岛、冰雪、海洋、
风景等不同场景重复拍摄，
到时可以剪辑成丰富的画面
3
在水里继续拍
4
小陈帮我举着提示词，我
的胳膊都举酸了

28

许老师的海洋气象预报预警课
A Marine Forecast and a Warning Lesson from Professor Xu

许老师是长城站上的气象专家，来自国家海洋环境预报中心。平日大家如果外出，都要问他天气如何，是否适合出野外。他应该是这次站上年纪较大的一位，多次出征南北极科考，脾气好，乐于帮助别人，是个好人缘儿。

这周二晚上由他来给大家上课，他报告的题目是《海洋环境灾害预报预警及南极天气特点简介》。从他的报告中我了解到海洋预报包括很多内容，如海浪、风暴潮、海啸、赤潮、海冰、海流、海温、厄尔尼诺、海水浴场预报、海上溢油、海平面和海洋气象等。许老师介绍说，他们中心拥有先进的高性能计算机系统和集成的大型卫星遥感系统，可随时获取海水表层温度、海冰、海浪波高、海面风场及海洋气象等信息资料，如果运算速度慢，就根本无法实现实时播报。他们也为国家和政府的防灾减灾、海上救助打捞、军事活动提供海洋灾害预警报服务。你看，他们的工作有多么重要。他提到，有些女工程师结婚生子后根本无法承受如此巨大的工作压力而调离岗位，主要是工作繁重、工作时间随机不确定，特别是国家重大事件或重大灾害预报和救援都必须依赖他们的预报。

他说极地保障是他们中心非常重要的一块工作，目前开展有南北极海冰服务、南北极海冰数值预报、南北极大气数值预报和极地卫星遥感监测，怪不得在科研栋最大的工作空间就是气象室了。他自豪地说雪龙号上的气象预报有很多航次都是他们中心的女工程师担任的，真是了不起！因为雪龙号在过大洋西风带时，人人都会晕船呕吐，不能进食。了解了他们的艰辛，再看我们工作中的苦恼，也就真的不算什么了。

Professor Xu from the National Marine Environmental Forecasting Centre is a meteorological expert at the Great Wall Base. Usually, if we want to go out we ask him if the weather is favourable. He is good-natured and has participated in several polar expeditions so he is usually willing to oblige with some advice. I would describe him as "likeable". This Tuesday evening he will give a talk on marine environmental disasters, Antarctic weather forecasting and recognizing warnings.

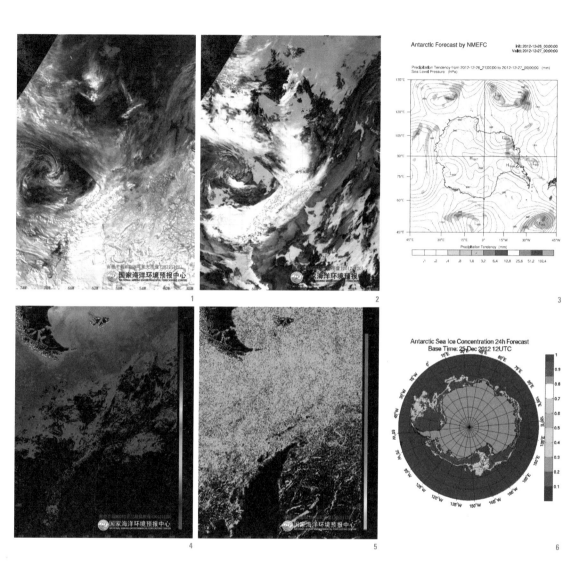

1
极地卫星遥感监测——
MODIS 可见光

2
极地卫星遥感监测——
MODIS 红外

3
南极大气数值预报（2012
年 12 月 26 日）

4
极地卫星遥感监测——
MODIS 表层海温

5
极地卫星遥感监测——
MODIS 叶绿素

6
南极海冰数值预报——24
小时数值预报（2012 年 12
月 25 日）

29

做客韩国世宗站
A visit to the South Korean Sejong Base

今天俞站长带着 9 名度夏人员和 2 名越冬人员，受邀前往韩国站做客。

我们的站区与韩国站隔湾相望，一般不会走陆地，常乘皮划艇来往。我们下午三点半就准时前往我们的站区码头，等待韩国站驾驶的皮划艇来接大家。乘坐皮划艇，韩国站要求我们必须穿连体服，万一大家掉到海里，这个防寒服至少保证我们一个小时之内不会冻死。

今天海面的风真不算大，但出了海湾，就觉得皮划艇像过山车一样，整个人都要飞起来甩出去了，太可怕了！我死死地抓住驾驶员背后的扶手，小彭跟我讲话，我告诉他："别吭声，不许讲话"，我怕一不留神，就会飞出去掉进冰冷的大海里。突然一个巨大的颠簸，我的相机碰到了钢柱上，镜头盖掉在了地板上，可我根本不敢低头捡。紧接着，无数个大浪打来，船尾的浪花打在船内侧，海水溅到我的相机上，我除了保证自己不要被甩出去之外，还要用腿紧紧地夹住我的相机，使它不要来回晃动。我不断大声问小彭："还有多远啊？到没到？""才三分之一"，"一半多了"，"坚持一会儿，马上到了。"他不断报着行程。谢天谢地，经过大约半小时的疯狂航行，我们终于平安到达韩国站，受到了韩国站站长及其他队员的热情迎接。

进入门厅，整齐摆放的鞋子还是让我们赞叹不已，早就听说韩国站和日本站是出了名的整洁。脱去连体衣，换上拖鞋，来到他们的接待室，大家一番自我介绍后，就是一个重要的节目——盖章。我当然是有备而来，带着护照、纪念封及明信片，章盖得都已经重叠了。之后，

韩国站长带我们去看了他们队员的健身室，特别是他们的虚拟高尔夫球场，觉得非常适合越冬人员解闷用。我最关心的当然就是他们的"植物工厂"。这个"植物工厂"是一个独立的集装箱建筑，进去后才发现室内光照还是荧光灯的，站长说 LED 太贵了。但是看到那些菜芽，翠绿翠绿的，还是欣喜了片刻，因为在南极太难见到绿色植物了。"植物工厂"还设置了各种按钮的控制柜，我估计是适合不同菜种的生长控制模式。亚洲人都非常喜吃蔬菜，这点跟欧美人很不一样，如果我们能够建立一个 LED 蔬菜工厂，既能解决肚子问题，又满足视觉要求，在南极科考站区，这可是天大的贡献啊！

参观结束后，就是最为主要的节目——吃饭。真是不得了，他们今天准备了二十多道菜，大家的口水都要流下来了，很多东西也是刚刚从智利补给的。更为称奇的是，他们可是只有一个厨师啊，当然他们也有帮厨的习惯。吃饭的时候，我好奇地问了许多问题，如：你们有几套衣服？站区队员住宿是怎样的？作息时间？答案是他们有 5 套特帅的衣服，站区队员每人一间房间，夏季人多时有时是两人一间（这点我们站还做不到），他们七点半吃早餐，这点跟我们一样，但他们使用的是智利时间，早我们一个小时。我们喝了韩国的清酒，还尝试了高丽参酒。我偷偷地问韩国队员，你们平时也是这么多菜吗？他们回答说："不是的，因为今天是特意宴请你们，多加了一倍的菜。""来的都是客"，在这个南极半岛上是一种多么温馨的友谊。当我们离开站区登艇后，韩国队员站在岸上频频招手，用中文说着"再见，再见，欢迎再来！"甚至有个队员，还不断向我们抛着飞吻，我们也不断向他们招手致意，真是"海内存知己，天涯若比邻"。

Today Master Yu and the rest of us, nine summer and two winter personnel, were invited to the South Korean Sejong Station. Our base is across the bay from the South Korean base. Generally, we don't make the journey there by land but by canoe. We gathered at our station's pier at 3.30 PM in good time to wait for the South Korean head kayaker to pick us up. We had to wear wetsuits in case

we fell overboard, to prevent freezing to death in the water inside one hour. The most important part of the visit took place after the formalities — dinner! They had prepared more than twenty dishes and everyone's mouth was watering. A lot of food must have just been delivered from Chile.

1
小艇舰队出发了
2
韩国站

1

2

3

1
荧光灯植物生长系统

2
青青蔬菜地

3
接待室墙面悬挂着各种铭牌

1
愉快的访问
2
站区能源用房
3
与韩国队员共进快乐的晚餐

我在南极问候大家
Greetings from the Antarctic

还有一天，我们即将迎来新的一年。按照中国人的习俗，往往是新年新气象，意味着褪去一年的辛劳，暗暗下个决心，期盼来年的好日子、好身体、好工作。

新的一年主要是欢度元旦，街头巷尾悬挂红灯、字幕、国旗，在美国时代广场有个巨大的 LED 彩球会在倒计时中缓缓降下，那一刻大家欣喜若狂、相互拥抱。我们明天一早在长城站有个升国旗仪式，据说每年这个时候都要举行这个庄重的仪式。这次第一、第二批进站的 22 名队员在升旗后要合影留念，站长要求大家统一着装。今年我在南极过元旦、迎新年，当然对我来讲意义非凡。我想这辈子也许就这么一次到南极了，只有到了这么遥远的地方，看到国旗才别有一番感慨。所以我要早早起床，打扮得精精神神的，参加这个不寻常的升旗仪式。

每年这个时候我都会不甘落后地手机短信大家，但我总是喜欢用最简单、最少的字给大家送去祝福，那就是"新年乐"，瞧！我把最短的"新年快乐"又去掉了一个字。

但今年，我决定放弃，因为我的手机费已经频现高额了，好在我的南极博客可以捎去我的祝福。

全球各个国家进入新年的时刻是不一样的，根据各国所处的经度位置不同，各国的时间也不同，所以各国"元旦"的日期也不同。如大洋洲的岛国汤加位于日界线的西侧，它是世界上最先开始一天的地方，也是最先庆祝元旦的国家。而位于日界线东侧的西萨摩亚则是世界上最迟开始新的一天的地方。而身在中国的朋友们比我提早 12 个小时进入新年，我要落后于你们了。

我在地球的底端，从遥远的南极大陆，和企鹅、海豹、贼鸥、雪雁一起，大声地对你们说：新年快乐！祝你们 2013 年努力工作（但不要以损害身体为代价）；注意健康（不要吃太多没有营养的东西）；快乐生活（不要让那些无名的烦恼困扰你）！我在这里非常想念大家（真心话）！盼着与你们早日相见（肚子里的话）！

Tomorrow is New Year's Day. According to Chinese tradition, New Year means thinking about the end of a year of hard work and effort, then about the coming year, the good things of life, health and job satisfaction. I'm at the bottom of the world, in distant Antarctica, with penguins, seals, skuas and snow geese for company and all of us loudly shout "Happy New Year to you". I wish you a happy 2013! Whilst I am working hard I am also paying attention to my health and happiness. I am missing you and looking forward to meeting you all again as soon as possible.

大家新年乐

31

我做旗手升国旗
I Am the Flag Bearer

因为长城站与国内有 12 小时的时差，站长与副站长觉得在长城站升国旗，应该跟祖国天安门广场升旗时间一致，所以我们今天于晚上 7:36（也就是北京时间 1 月 1 号早晨 7:36）举行了庄严的升国旗仪式。

我和小彭作为第 29 次科考队长城站的代表，被选为升国旗的旗手，真是无比的荣幸。这里没有音乐，有的是大家激昂嘹亮的国歌声，响彻长城站区。之前，我们还进行了演练，让小彭作为执旗手，学着天安门广场国旗班军人的标准动作，将旗向空中潇洒地送出去，小彭完成得非常到位。接着是我与大家进行配合排练合唱，第一次旗升慢了，歌已经唱完了，最后不得以加快速度；第二次就好多了。最完美的一次，就是准点开始的那次正式升旗，歌声一落，我刚好把旗升入旗杆顶端。升完旗后，

大家在副站长的带领下，向着祖国的方向，激动地高声呼喊："新年快乐，向祖国人民问好！"

致谢：我作为目前在长城站上唯一的女队员，自从登站以来，一直得到大家的呵护，各种代表团队的事（出访外国站、升旗等）都想着我，各种困难的事他们都帮助我解决和承担，出野外一路关心照顾我，为我踩雪印、趟路。乘坐皮划艇时，让我坐在最安全的地方，在我不知道的情况下在后面默默保护我。我很想在这里表达对他们的真诚感谢！我不能总是接受大家对我的关照，接下来我要努力工作，为第三批 18 名队员登站做好一切准备，特别是让其中的 4 名女队员，也是我的好姐妹，感受到这个临时大家庭的温暖，我也要像男人那样时刻准备去战斗！

Today Station Master and Vice Station Master decide to hold a flag-raising ceremony at 7:36 pm. As Great Wall Station and Beijing has 12 hours' time difference. So we will raise flag at the same time with Beijing. Xiao Peng and me as representative of 29th expedition of Great Wall Station are selected as flag bearer. It is a big honor to us.

元旦在长城站升国旗

32 复杂的南极事务
Complex Antarctic Affairs

我没有来南极之前，对南极复杂的国际事务、领土宣称、资源等问题一无所知。与国家每年一度的科考更不沾边，当然也不关心，唯一的了解就是电视里可以看到关于雪龙号的新闻，以及春晚的来自某个南极科考站向祖国人民的报道。但这次亲身体验，才感受到南极事务的复杂，远非科考这么单一。今天我查了网上许多资料，整理出一份了解南极事务一系列问题的汇总。（需要大家耐心读啊！）

《南极条约》的背景
1908 年英国宣布对包括南极半岛在内的扇形地块及其水域拥有主权，其后，澳大利亚、新西兰、法国、智利、阿根廷、挪威先后对南极提出领土主权要求。其中澳大利亚、法国、新西兰、挪威四国互相承认各自的领土要求；阿根廷、智利、英国三国要求的领土互相重叠，三方坚持各自的主张，互不承认它方的主权要求；美国、前苏联不承认任何国家对南极的领土要求，同时保留他们自己对南极提出领土要求的权利。这样，到了 20 世纪 40 年代，上述七国已对 83% 的南极大陆提出了领土主权要求。由于对领土主权要求的纷争，在客观上需要一个多边条约以缓解各种矛盾与纷争。在 1957—1958 年的国际地球物理年期间，有 12 个国家先后派出了上万名科学家，踏上南极洲，开展了空前规模的南极考察。1959 年 10 月，12 个国家在华盛顿举行了有关南极问题的正式会议。1959 年 12 月 1 日，苏联、美国、英国、法国、新西兰、澳大利亚、挪威、比利时、日本、阿根廷、智利和南非等 12 个国家签署了《南极条约》。

《南极条约》体系
南极条约及相关协定，总称南极条约体系，旨在约束各国在南极洲这块地球上唯一一块没有常住人口的大陆上的活动，确保各国对南极洲的尊重。该条约中规定，南极洲是指南纬 60° 以南的所有地区（包括冰架），总面积约 5 200 万平方公里。目前共有 46 个国家签署该条约。条约的主要内容是：南极洲仅用于和平目的，促进在南极洲地区进行科学考察的自由，促进科学考察中的国际合作，禁止在南极地区进行一切具有军事性质的活动及核爆炸和处理放射物，冻结目前领土所有权的主张，促进国际在科学方面的合作。

《南极条约》体系还包括 200 多项由各缔约国政府批准或在条约协商会议上通过的其他建议和协定，主要包括：《保护南极动植物议定措施》（1964 年签订，1982 年生效）、《南极海豹保护公约》（1972 年签订）、《南极生物资源保护公约》（1980 年签订）、《关于环境保护的南极条约议定书》（1991 年签订）。

《南极条约》协商国的重要贡献
《南极条约》协商国一直注意和强调南极环境的重要性和南极环境的保护问题，为保护南极的环境做了大量工作，并取得了很大的成绩。自 1961 年以来，对南极自然环境的保护问题一直是南极条约协商国历次会议的中心议题之一。

由于南极独一无二的自然环境对人类具有双重的含义：一方面，这是地球上唯一一片尚属圣洁的大陆，它不仅为人类保存了一块处于原始状态的土地，而且也为人类记录下了地球的演化和气候的变迁等诸多极其重要的信息。而另一方面，如果南极的自然环境遭到破坏，那么人类不仅将不可挽间地永远失去这个科学研究的圣地，而且，更加严重的是，由此所引起的后果将是不堪设想的，很可能会使人类遭到灭顶之灾。正因为如此，所以南极的环境必须保护南极的环境。但是，应该指出的是，保护的目的只能是为了更好地研究南极和了解南极，也只有这样，才能更好地保护和利用南极来为人类造福。

《南极条约》中对领土问题的规定

南极洲是主权没有归属的大陆，对这个大陆制定一个条约，既要解决南极的领土和其他一些问题，又要在国际上得到认可，这是十分不容易的。因此，只能暂时搁置领土和主权要求这一十分敏感的问题。《南极条约》中明确了对南极领土主权要求的三重权利，即：已经对南极提出的领土主权要求的权利；已提出的对南极领土主权要求的依据的权利；不承认对南极领土主权提出的任何要求的权利。同时还规定不得提出新的领土主权要求或扩大现有的要求。总而言之，《南极条约》实际上冻结了对南极任何形式的领土问题，不承认也不否认对南极的领土主权要求，并鼓励南极科学考察中的国际合作。

《南极条约》成员国

《南极条约》现有42个成员国，其中澳大利亚、阿根廷、比利时、智利、法国、日本、新西兰、挪威、南非、英国、美国、俄罗斯、波兰、德国、巴西、印度、中国、乌拉圭、意大利、瑞典、西班牙、芬兰、秘鲁、韩国、荷兰、厄瓜尔26国为协商国；捷克、丹麦、罗马尼亚、保加利亚、巴布亚新几内亚、匈牙利、古巴、朝鲜、希腊、奥地利、加拿大、哥伦比亚、瑞士、危地马拉、乌克兰、捷克斯洛伐克16国为非协商国。由于南极条约是一个开放的体系，任何一个国家都可以自由地加入，成为南极条约的成员国，因此，其成员国的数目是逐渐增长的。

《南极条约》协商国

有关南极事务的一切决定都是由协商国共同做出的，一般的《南极条约》缔约国并没有参加决策的权利。因此，取得协商国资格则是在南极系统中发挥作用的关键。《南极条约》规定：只有那些在南极进行诸如建立科学考察站或派遣科学考察队的实质性科学研究活动而对南极表示兴趣的国家，才能成为协商国。只有协商国才有权参与南极事务的决策。

中国与《南极条约》

《南极条约》规定，申请加入《南极条约》应由各国根据其宪法程序进行。

1983年5月9日，中华人民共和国第五届全国人大常委会第二十七次全体会议审议了国务院在1983年1月23日提请加入《南极条约》的议案，通过了加入《南极条约》的决议。1983年6月8日，我国驻美大使章文晋向《南极条约》的保存国美国政府递交了加入文件，正式成为南极条约的成员国。1985年10月7日，中国成为南极条约协商国，自此，我国对国际南极事务拥有了发言权和决策权。

《南极条约》与其他国际条约的主要区别

《南极条约》与其他国际条约的最大区别，在于缔约国地位的差别。《南极条约》的12个原始缔约国，即阿根廷、澳大利亚、比利时、智利、法国、日本、新西兰、挪威、南非、苏联、英国和美国，有权派代表参加南极条约协商会议，他们有表决权，是当然的协商国。而其他的缔约国，按照条约的规定，要在南极进行了实质性科学考察活动后，并经特别协商会议讨论，决定其具备了协商国的资格，才有权派正式代表参加协商会议，否则，就没有表决权，甚至谢绝参与某些重大问题的讨论。如上所述，在南极条约缔约国中，有对南极事务有决策权的协商国和无决策权的非协商国之分。

南极研究科学委员会

与南极科学研究有关的问题是由南极研究科学委员会（Scientific Committee on Antarctic Research, SCAR）管理。1957年9月，国际科学联合会决定邀请在南极从事科学研究活动的12个国家建立一个组织，以代替国际地球物理年特别委员会，这就是后来的南极研究科学委员会，建立南极研究科学委员会的目的是为了南极系统的科学研究，它是个永久性的组织。

Before I came to the South Pole, I knew very little about the complexities of Antarctic affairs including territorial claims and resources. So today I went online to source some information to help me understand Antarctic affairs in a nutshell: the background of the Antarctic Treaty; Antarctic Treaty Systems; important contributions of the parties to the Antarctic Treaty; territorial provisions of the Antarctic Treaty; Antarctic Treaty Members; Contributing Parties of the Antarctic Treaty; China and the Antarctic Treaty; the main difference between the Antarctic Treaty and other international treaties and finally, the Scientific Committee on Antarctic Research (SCAR).

33

2013-01-03 08:32:38

两场精彩纷呈的报告
Two Excellent Reports

昨天虽然是元旦，但晚上南极大学长城站分校依然上课，这周的两个报告合并在了一个晚上，因为 2013 年 1 月 8—1 月 12 日有两批国内的政府代表团要抵达长城站，大家要忙于腾出房间，打扫卫生。

昨晚的第一个报告是来自台湾东华大学海洋生物多样性及演化研究所的刘弼仁博士（他同时也是台湾海洋生物博物馆的助理研究员），他的报告题目是《长城站区生物多样性介绍》；第二个报告是来自中国科学院生态环境研究中心的傅建捷博士，报告题目是《极地持久性有机污染物（POPs）研究介绍》（今天太晚了，站内现在要求队员必须吃早饭，我必须要早起，所以小傅的报告和工作不再展开介绍）。

刘博士首先介绍了台湾珊瑚王国馆、水族实验中心、中观生态箱，说起来他真正研究的方向是珊瑚。他在台湾有自己的"地栖生态实验室"，他每天起早贪黑要照顾二十几个珊瑚缸，除此之外还要帮助海洋生物馆办展览、收集标本。他最近的研究主要集中在"用中观珊瑚池探讨全球气候变迁对珊瑚生态的影响"。这次他在长城站是属于出野外考察最多的科考队员，经常与小傅、妙星一起，沿着西海岸、企鹅岛、长城湾勘察，足迹几乎踏遍了整个费尔德斯半岛。记得上次去韩国站，他在途中让游艇停在海中，采了水样带回长城站。利用 GPS，他完成了一张长城站附近水域的生物分布图。工作卓有成效啊！

通过他的照片，给大家介绍了采集到的藻类，有红藻、绿藻、褐藻，从藻类的形态、生长习性，一直讲到它们所处的位置。他开玩笑说有些藻类可以吃，至少可以做个汤什么的，关键看大厨怎么料理。朱大厨听得特认真，说他曾去海边试吃过一次，脆脆的，口感像海蜇。而刘大厨说，下次我们跟你一起去，到越冬的时候没有吃的，就可以吃这些。谁知老高操着上海贵阳调子开腔了："那怎么行呢？你牺牲了，我们怎么吃饭啊？"大家哈哈大笑。接着刘博士展示了端足类的生物，形状有点类似小虾米，展示的图片基本都是在显微镜下拍的照片，并有个标尺在背后，可以看出其标本的实际大小。工作非常细致！"在南极还有磷虾，血是绿色的"。

他还展示了许多帽贝类，往往栖息在岩石的旁边或者吸附在岩石上面，在低潮的地方，可以抓到很多。我们还看到了更小的螺，只有 1mm 左右。还有稀奇的软体动物"海天使"，刘博士说在水族馆里非常受欢迎，他特意用水下照相机拍的。他特别告知爱好美食的老谢，海参在全世界有 1 100 种，只有 40 种可以吃。最后给我们看了海胆、海星、水母、苔藓虫、海绵、南极鱼，令我们对南极的生物种类有了初步的了解。他说要完成南极生物列表，虽然只是定性、分类、分地点，但是我觉得他的工作非常有意义，对了解南极海洋环境的生物变迁贡献巨大。

备注：刘博士今天讲的都是海洋里的藻类、螺、虾、鱼等生物类，所以每当他放一张幻灯，下面听课的队员，就不停问能吃不，或者自言自语地说这个可以怎么吃，哈哈！估计大家很久没有吃新鲜的东西了。

The first report we listened to today was compiled at Taiwan Donghua University by Dr Liu Biren of the Institute of Marine Biodiversity and Evolution (who is also a assistant research fellow at the Taiwan Museum of Marine Biology). His report is entitled Description of the Biodiversity of the Great Wall Station. The second report entitled Research on Persistent Organic Polar Pollutants (POPs) was given by Dr Fujian Jie of the Research Centre for Eco-Environmental Sciences.

1
小傅在做报告，大家都叫
他三毛
2
小王显然没有发现镜头，他
上课竟然看其他书，估计他
必须肄业了
3
刘博士是最辛苦的一个，每
天不是出野外，就是在科研
栋工作
4
小吴显然发现了镜头，看他
的动作

1

2

1
我和妙星、小王、小陈去
企鹅岛路上发现的一个大
水母

2
南极特有的磷虾

3
绿藻

4
帽贝类

5
苔藓虫(估计是,明天确认)

6
扒开石头,有很多噢

7
这大概就是刘博士提到的
褐藻

8
这个不知道是什么。以前
拍的,待确认

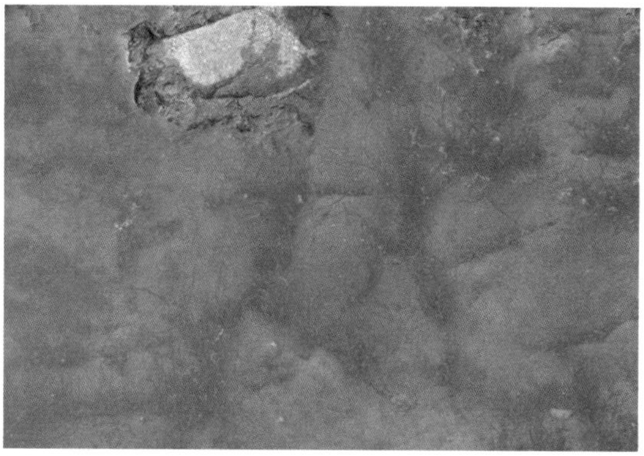
3

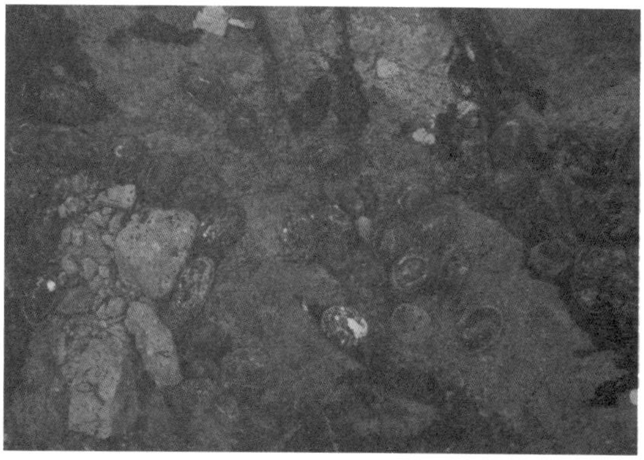
4

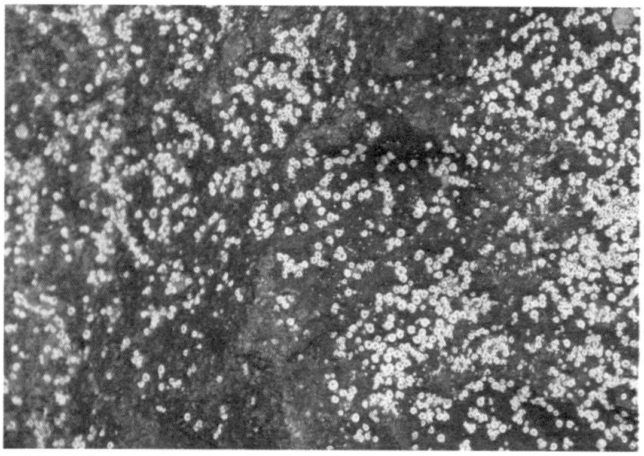
5

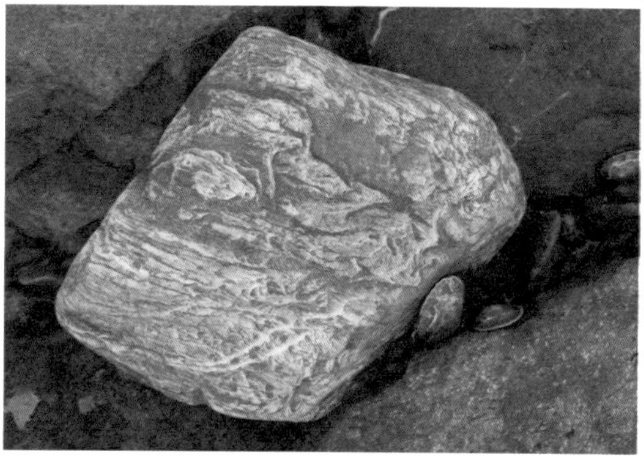
6

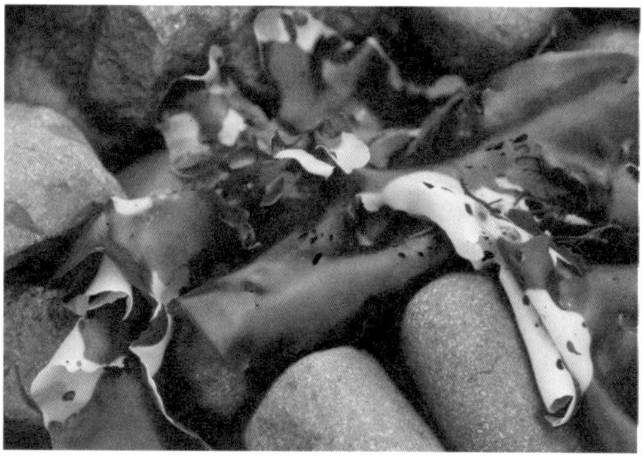
7

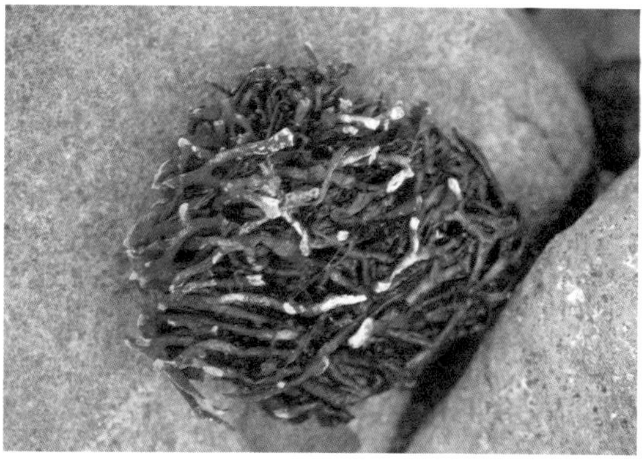
8

34

2013-01-04 03:01:48

南极洲与南极大陆
Antarctica and the Antarctic Continent

南极就是地球的最南端，实际上又有南极洲、南极点、南极大陆、南极地区、南极圈等多种涵义。

南极洲位于地球最南端，几乎全洲都在极圈以南，四周环绕着南冰洋。南极洲包括南极大陆及其周围岛屿，总面积约 1 400 万平方公里，面积占地球陆地总面积的 1/10，相当于中国总面积的 1.5 倍。其中大陆面积为 1 239 万平方公里，岛屿面积约 7.6 万平方公里，海岸线长达 2.47 万公里。南极洲另有约 158.2 万平方公里的冰架。这里是世界上最为寒冷、干燥、多风的大洲，自然环境严酷，目前全年约有 1 000 人暂时居住在大陆上零星的观测站中。只有适应寒冷的植物和动物能生存于此，包括企鹅、海豹、线虫、缓步动物、螨、多种藻类和其他微生物，以及冻原植被等。

南极大陆是指南极洲除周围岛屿以外的陆地，它孤独地位于地球的最南端，是世界上最晚被人类发现的大陆。南极大陆 95% 以上的面积为厚度极高的冰雪所覆盖，素有"白色大陆"之称。在全球六块大陆中，南极大陆面积大于澳大利亚大陆，排名第五。南极大陆和澳大利亚大陆是世界上仅有的被海洋包围的两块大陆，其四周有太平洋、大西洋、印度洋，形成一个围绕地球的巨大水圈，呈完全封闭状态，是一块远离其他大陆、与文明世界完全隔绝的大陆，至今仍然没有常住居民，只有少量的科学考察人员轮流在为数不多的考察站临时居住和工作。

去南极十分不易，因为南极大陆是最难接近的大陆。与南极大陆最接近的大陆是南美洲，它们之间隔着 970 公里宽的德雷克海峡。南极大陆与其他大陆不仅相距遥远，而且周围还被数公里乃至数百公里的冰架和浮冰所环绕，

冬天时浮冰的面积可达 1 900 万平方公里；即使在南极的夏天，其面积也有 260 万平方公里；南极大陆周围海洋中还漂浮着数以万计的巨大冰山，为海上航行造成了极大的困难和危险。

南纬 66°34′ 的纬线为南极圈的界限。在极圈内会有极昼和极夜现象，极圈也是划分温带与寒带的界限。

南极点是地球表面非常特殊的一个位置，它是地球上没有方向性的两个点之一（另一个点是北极点），站在南极点上，东、西、南三个方向完全失去意义，只有北方一个方向；在南极点，太阳一年只升落一次，有半年太阳永不落，全是白天，太阳在离地平线不高的地方绕南极点一圈一圈地转，一直不落下，又称"极昼"，有半年见不到太阳，全是黑夜，又称"极夜"。

南极点终年被冰雪覆盖，冰雪厚度达 2 000 米，海拔高度为 3 800 米；气候异常恶劣，年平均气温为零下 49 度，夏季平均气温为零下 32 度，冬季平均气温为零下 78 度，最低气温为零下 89 度，年平均降水量 3 毫米。南极点并非是南极冰盖的最高点，覆盖在南极点上面的冰雪以每年 10 米左右的速度移动，因此，科学家每年都要从新标定一次南极点的最新位置，立上标杆。

1957 年，美国在南极点的冰盖上建立了一个永久性的考察基地，并以第一个到达南极点的阿蒙森和随后而来的斯科特两人的名字，命名为"阿蒙森 - 斯科特站"，站上所需物资和人员往来都从美国在罗斯岛上的麦克莫多站用大力神飞机运输，全球至今已经有 3 000 多人到达过南极点。

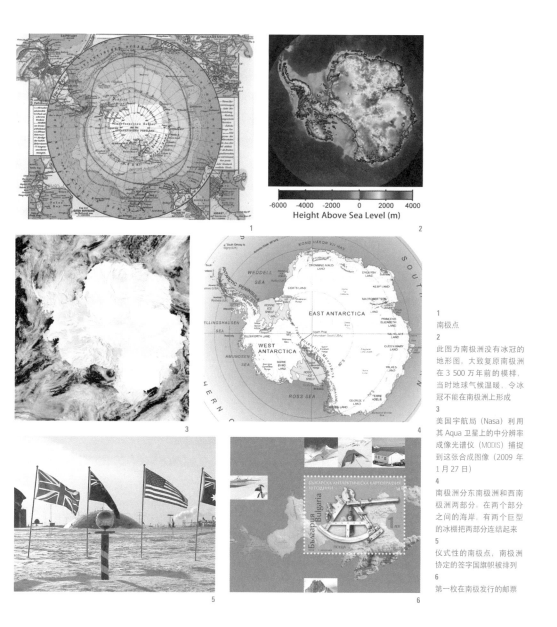

Antarctica is Earth's southernmost tip. In fact Antarctica encompasses, inter alia, the South Pole and the Antarctic Circle. It is the southernmost of all continents within the south polar circle and is surrounded by the Southern Ocean. Antarctica includes the Antarctic continent and surrounding islands with a total area of about 14 million square kilometers. The mainland area is 12,390,000 square kilometers and the islands make up about 76,000 square kilometers. The continent's coastline is 24,700 kilometers long. The Antarctic continent refers to all the land except the surrounding islands. It is Earth's southernmost continent where unique discoveries can still be made.

35

中国长城站与智利海军站排球友谊赛
A Friendly Volleyball Match Between China's Great Wall and Chile's Naval Station Teams

从昨晚睡觉起，这里就刮起了大风，今天一整天都没有停止的意思，估计风力达到八级，天空还在降雪，海浪都泛起白沫，据说这样就意味着风力很大。大家都在生活栋呆着，出不了门。

昨天下午，长城站与智利海军站在我站体育馆举行了一场"别开生面"的排球比赛。别开生面是因为这里的球场不可能像正式排球场那么大，所以最多只能每边五个队员参赛。中国这边会打排球的不多，只有小吴算是会打的，他说在北京每周他要打两次排球，看来他是"职业"选手；柯灏根本就没摸过排球，但是他仗着身高臂长，提前两天练了下，还真不错，上手很快。许老师虽然年纪大了，但是球技很不错，发球力量超大，总是把球发出界（因为这是羽毛球场地，其实比标准的还小点）。最后就是我了，我是属于只能接好球，网子够不着，但能配合小吴二传，让小吴大力扣杀。就是我们这样一个"老弱妇孺"队，与他们这帮军人打比赛还真分不出个输赢。

除了他们站长带来的十个队员，还来了三位妇女同志：一位是在长城站每个男人都挂在嘴边的"Post Lady"，她是智利站邮局的工作人员，整个费尔德斯半岛就这么一个真正的邮局，所以大家都去她那里寄信。她的名字叫"亚历山大"，的确非常漂亮，大大的眼睛，非常迷人，虽然她的英语不好，但大家与她之间不用语言，用眼神交流就行，眉目果然可以传情啊。另外一个是他们站上的小领导，可能是站长助理吧。还有一位就是刚到南极三天的智利女作家，她是一名自由专栏作家，曾经去过我国的西藏、北京和上海，常常为智利的《Art》杂志撰写游记。

比赛结束后，他们来我们站蹭饭。他们觉得我们的饭菜（其实没有好菜，只是冰冻的鱼、午餐肉、冰冻的火鸡和不知冻了多长时间仅有的几袋豆角）特别好吃，还喝了上海石库门的老酒及红葡萄酒、白葡萄酒，他们邀请我们两周后到智利站吃饭，其中一名队员透露了一个秘密——两周后他们的补给就来了。

备注：智利站本来有一个非常不错的体育馆，但很不幸于 2009 年 4 月 14 日发生火灾，室内设施全部烧毁，据说由于财力不济，后来再也没有建设新的体育馆，所以他们来我们这里打比赛，也算是非常奢侈的娱乐了。

A spectacular volleyball game was held between China's Great Wall and Chile's naval station teams yesterday afternoon. The reason why it was so spectacular was that the volleyball court was certainly not as large as an official one and there was a maximum of five players a side. On our team few people except Xiao Wu could play well. Relying on his height, Ke Hao did some practice several days before, and he picked up some volleyball skills quickly. Teacher Xu served the ball so powerfully that the ball always landed outside the court. Although he is a little older, his skill was admirable. Then it was my turn. Although I could not reach the top of net I could catch the ball, pass it to Xiao Wu and let him attempt a vigorous smash. It was a surprise to us that our "older people and females" team could not tell if we were winning or losing when faced with a lineup of military opponents.

1
智利海军站长（穿蓝衣着）
跳起拦网
2
殷赞（左一）喝多了
3
快乐的下午，合影

1

2

3

36

2013-01-06 09:06:27

智利海军站站庆日
Celebration Day for the Chilean Navy Station

今天还是长风呼啸，而且雪一直不断下，早上的风似乎小了点，但现在又开始狂风大作。

我们一早就到综合楼去打扫体育馆和餐厅，以迎接我国政府代表团的到来。

站长通知我和小吴 10：30 与另外 7 名越冬队员一起，去智利站共度他们的站庆，并享用午餐。我们分乘两辆吉普车前往，但车不能开进去，还需要步行一段。昨夜的雪非常柔软，踩起来很像海绵，不像前段时间的雪地，颗粒比较粗，而且中间还有很多冰凌。

智利海军站长站在门口迎接客人，我们多数人已经会用西班牙语打招呼了，只听"欧拉，欧拉"（你好）之声不断。只见乌拉圭、厄瓜多尔、智利南极机场、智利空军站等悉数到场，又是一个巨大的 Party。也不知是不是因为西餐容易做，他们一个厨师就烹制出了这么多人的中午饭，其中我最爱吃的就是三文鱼裹着吞拿鱼的餐前点，还有饼干配奶酪和橄榄，还有美味的甜点，特别是

有一种巧克力蛋糕，里面有许多果仁，好吃的不得了。

其中有一位来自机场的电子工程师，给我们看了他上周就在智利站附近海域拍到的鲸鱼，那么近的距离真是太难得了。我们当时刚好在韩国站吃饭，可我只看到了一个鼓起的鲸鱼背。工程师说他们的船当时离鲸鱼只有一米远，他的心都砰砰直跳。

今天智利站没有邀请俄罗斯站的队员，虽然他们是近邻（几步之遥），但听说关系不太好。所以"远亲不如近邻"这句话在他们身上并未应验。

昨天俄罗斯站站长带着几个队员来长城站蹭饭，同来的还有一位著名的德国鸟类学教授以及三名研究生。明天智利南极研究院的院长一行要来访问长城站。这一番你来我往，真是闲不下来。在这个荒无人烟的极地，这样的走动对大家来说，可能会让日子过得快一些，也快乐一些。

The station director notified Xiao Wu and me that we would be going to the Chilean station, along with seven of our wintering colleagues, to participate in the Chilean celebration and have lunch. We travelled there in two jeeps. Since jeeps are not allowed inside their base, we had to walk the last few steps. At the door, the Chilean director greeted guests from the bases of China, Uruguay, Ecuador, Chile's Antarctica Airport and the Chilean Airforce. It was a grand party.

1

2

3

4

1
好吃好喝好招待（迎面端盘
子的是智利海军站的医生）
2
看到没？还有寿司呢
3
一种鸡蛋和奶酪做成的甜
点，很好吃
4
各式增肥的花式蛋糕

1

2

3

4

5

1
进门后大家挨个打招呼"欧拉"
2
大家在南极风雪同舟
3
各国站区的纪念贴
4
巨大的家伙，有几吨啊（该照片由智利站 Lorenzo 提供）
5
掀起巨浪（该照片由智利站 Lorenzo 提供）

37

南极大学长城站分校毕业证
Antarctic Graduation Certificates for the Great Wall University

今天还是刮风，而且雪一直不断下，早上风似乎小点，但现在又开始狂风大作。

南极大学可以说一直是中国南极科学考察队引以为荣的一所特殊大学，没有固定地址，没有固定学分，没有稳定的师资，但在科考队员心目中，它可是一生都难以忘怀的大学。

南极大学的本部就在雪龙号上，校长就是当年科考的总领队，今年就轮到29次科考队的曲探宙，他来自国家海洋局，是这次的领队和临时党委书记。由于南极考察的航行时间较长，在南极考察途中开办南极大学已成为历次中国南极考察队的传统。南极大学面对全体考察队员开放，邀请参加南极考察的各学科专家，通过专题讲座和研讨的形式，为队员讲授天文、海洋、冰川、气象、高空物理、后勤保障、卫星系统、航海、医学、摄影等十多个领域的专业知识。通过南极大学这个平台，传播知识、交流思想、增进友谊，也丰富了南极考察队员的旅途生活。

南极大学长城站分校这次也开设了规格较高的学术讲座，大家合计总得留下点什么，于是就把毕业证的设计任务交给了我（本来我想让我的研究生们帮忙，一是他们也忙，二是通讯实在不便，只好亲自动手）。当我做到一半时，

张副站长说，"郝老师，不如你回上海后给大家制作个精美的毕业证，然后寄给大家"。但这样的话，会有一个巨大的问题无法解决，就是缺少队员的签名，所以还是决定在站上制作，尽管简陋，但意义非凡。我希望大家从学士到博士，都能手握多种毕业证毕业。而大家对这个毕业证的期待和珍惜，给我压力不小，所以我一定要尽心为大家设计一个别出心裁的毕业证。平日上课时尽管年轻队员口无遮拦地开着各种玩笑，动不动就威胁我说，不去上课、罢课，要不就上自习，找本南极动物书自学等，但每次课程都按时出席，即便是值班队员等到下班时依然会来到南极课堂听讲。

我花了很多时间，动了很多脑筋去构思这个毕业证，还特意去网上查了毕业证书的格式、内页花边，而且要凸显南极、长城站等元素，我把自己拍的一张特别得意的企鹅一家专门作为水印放在封三，该页供队员签名。内页的背面印上了我在山上拍摄的长城站远景，还把部分课程名称、报告人的单位和姓名放在封一上，以期待大家保留对该段特殊经历的记忆。

再过几天，首批离站的四名队员就要走了，这四名队员也是我们29次南极科考队长城站首批获得毕业证的队员，祝贺他们！愿他们永远记得在长城站的日日"夜夜"，愿南极大学长城站分校带给他们一生最美好的回忆！

Our Antarctic University is a special university that the members of the Chinese Antarctic Scientific Expedition are very proud of. It has no fixed address, no fixed academic credits, nor any permanent teachers. But for the whole team it is a precious university. The headquarters of the campus are located on the "Snow Dragon".

The headmaster is the person who is the director of the expedition that year. So far the university has delivered some high quality academic lectures. I took on the task of designing a graduation certificate and it took me many hours of work to carefully design it.

同学签名

南极大学

毕业证书

第29次南极科学考察队长城站

No.AGW001

第29次南极科学考察队队员吴雷钊，性别男，一九八三年十一月生，于二〇一二年十二月至二〇一三年一月在南极大学长城站分校学习，修完教学计划规定的全部课程，成绩合格，准予毕业。

校（站）长：

校名：南极大学长城站分校
二〇一三年一月十日

1
毕业证封面（右）和封底
（左）
2
证书内页背面
3
证书的封一和最后一页的
同学签名处
4
001号毕业证书．颁发给
小吴了

昨夜一夜没有合眼，肆虐的雪暴恨不得把生活栋的房顶掀翻，我生平第一次见到如此强力的大风，想想这是跨越多个经度的南极，在这里应该也是见怪不怪了。白天很难出门，连门都难以推开。但是饭总得吃，所以还是要到综合楼去。许老师关照几个年轻队员，务必搀扶着我，因为昨天饭后出综合楼下楼梯时，简直就像溜冰场，站都站不稳。我一路大呼小叫，害怕从楼梯上滚下去。万医生最着急，他害怕队员在飓风中受伤，特别嘱咐大家务必注意脚下。

晚上的风暴，准确地说应该是雪暴，更加肆无忌惮，整个房子都在震动，深夜时连我的床都开始随风振动。风雪声就像火车声音轰隆轰隆，根本无法入睡。我索性起来，先用手机录了风声，后来又录了一段视频，这时看看表显示着半夜 2:00。我把耳塞戴上，试图入睡，但无论如何都不行，只是神经绷紧，想着万一出现危险怎么逃命。就这样听了一夜的南极风暴咆哮，我一分钟都没有睡着。今天的风一点都没有减弱，据许老师说，这样的风在南极的夏天不是太多，今年有点反常。昨夜的风力阵风达到十一级，平均风力八级。风暴明天下午会减弱到五、六级，想必中国政府代表团已经到达智利蓬塔，希望明天上天保佑他们能够顺利登岛。

All last night I couldn't sleep a wink because of a raging snowstorm that seemed to almost tear off the roof of the building. I have never endured such powerful gusts of wind. Teacher Xu asked some younger colleagues to look out for me because it was hard for me to remain stable and upright. Yesterday, after dinner, the stairs outside were so slippery that it was like walking on a skating rink. I screamed all the way to the dormitory and was fearful of falling down the exterior stairs. That raging nighttime snowstorm was so unbridled that the whole building, and even my bed, shook violently.

1
好不容易走到了综合楼门口
2
吃完饭，下楼梯，上面结
冰了
3
我想直着走，但风将我吹
得向右边，小陈拼命把我
往左边拉

1

2

3

39

中国政府代表团南极长城站视察慰问
Commiserations and a Visit from a Chinese Government Delegation

整整忙乎了一周，昨天一早寒风突然停了，海洋局纪委书记吕滨团长率队的国家八大部委领导、中国驻阿根廷大使夫妇组成的中国政府代表团来到南极长城站视察慰问，老天爷真是帮忙，他们一行途中非常顺利，只在蓬塔待命一天就飞过来了，之前我们的队员曾在蓬塔滞留了三天。

我们的队员被分成会务组、帮厨组、外事接待组和后勤保障组，大家各司其职，迎接祖国的亲人和首长。因为他们在长城站只停留一晚，所以到站后迅速在餐厅用了简单的面条，就分乘两艘小艇，前往企鹅岛参观。

大约晚上 9:00，代表团在科研栋与全体队员进行了座谈。代表团的领导们来自国家海洋局、国务院办公厅、发改委、财政部、中央政策研究室等单位。团长吕滨书记首先发言，感谢大家对科考事业的奉献。俞站长为领导介绍了长城站概况和上站一个月的工作开展。接着是科考队员代表发言，我作为代表第一个发言，首先感谢日理万机的领导们不远万里慰问我们，也感谢海洋局、极地中心给予我宝贵的机会，来到这里开展半导体照明和光健康的实验研究；感谢站长、副站长及其他伙伴们的悉心照顾；

另外根据我在站上一个月的生活体会，谈了站区建设提升和外交互访的礼物、标识等 CI 设计。来自台湾的刘博士，来自黑龙江测绘局的小王和万医生分别从两队物品交接清单问题，雪地车缺少维护和数量不足问题及站上缺少医用设备等问题谈了各自的想法。最后张副站长提出了科考队员的补助问题（如很多单位只发基本工资，绩效工资停发），期望能够得到解决。在座领导纷纷表示，大家提出的问题各部委先协调，协调不了的上报中央，一定要解决大家所提出的问题。吕滨团长听说队员目前食用的全部是过期食品，神情特别凝重，他说希望大家谅解，由于雪龙号今年不来长城站。所以今年长城站缺少大量补给，但是他认为可以从智利、阿根廷就近补给，尤其是蔬菜、水果，以保证大家的身体健康。他最后再次强调，安全无小事，大家就餐的安全，出行的安全是他最挂念的事，大家听了心里都热乎乎的。

座谈会结束时已是晚上 10:30，大家全部在餐厅用餐，领导和队员交错落座。我坐在大使夫人旁边，她关切地询问了我工作和生活的状况。当晚是队员小王的生日，大厨给他做了一个长方形的生日蛋糕。他太幸运了，还获得了全团领导和所有在站队员签名的生日贺卡。

The wind suddenly stopped yesterday morning. A Chinese government delegation came to visit the Great Wall Station to deliver greetings from home and commiserate about the weather. The delegation was made up of a national "Committee of Eight" headed by Lu Bing, secretary of the Disciplinary Committee of the National Oceanic Bureau plus there were a couple of Chinese diplomats to Argentina.

1
全体合影照
2
代表团向队员赠送纪念品
3
小王的生日，他是今晚最
幸福的人，收到中央八大
部委的祝福啊
4
团长首先致辞

这几天真是混乱极了，前一个政府代表团刚走，第二天一早七点半第二个政府代表团就到了，同时第三批科考队员的18人也一起到达了。顿时，生活栋一大早就熙熙攘攘，正在休息的在站队员被叫醒准备迎接客人。可想而知，大家之前累得已经筋疲力尽，但是还得振作起来。预报由于天气原因，智利空军第二天不能飞行，所以第二个政府代表团只能在岛上停留到下午五点，他们原本计划第二天返回蓬塔，现在必须当天乘飞机返回。这次代表团是以海洋局海洋学会办公室雷主任为团长，团员包括科技部基础司、广西国土厅、大连海洋渔业厅、沈阳海洋局、北京大学口腔医学院等单位的司局领导。他们来后也是马上去企鹅岛，中午与大家一起午餐，接着就是座谈会，与大家合影留念后，在智利空军的千呼万唤下赶往机场。他们此番来去都太匆忙了，听说本来晚上要准备联欢呢，科技部基础司张司长还专门带了长笛，要为大家献上一曲的。他只好跑到国旗下，在长城站标志处，拿出他心爱的笛子，拍了一张照片。

今天与领导们一起离开的，还有四名科考队员，他们是吴雷钊、傅建捷、谢勇彤、刘弼仁。午饭时，第一、二批先期到达的老队员在给领导敬酒的同时，还找空给这四个队员敬酒，大家是热泪盈眶。我真的不愿看见男儿流眼泪，所以一直在嘻嘻哈哈地应付着那个令人悲伤的场面。小陈由于常常穿着褐色的抓绒衫，常常被人昵称"贼鸥"，他平时与小吴见面就打，小吴是回民，他动不动就对小吴说吃猪肉等，有时相互打得哇哇乱叫，身上磕碰得青一块紫一块，在生活栋就听得他们从走廊这头打到走廊另一头，我被他们的吵闹气得都烦。但此时的告别让他们停止了撕扯打闹、嬉笑怒骂，变得绅士起来，两人频频举杯、互道珍重。小傅由于个子小，大家叫他三毛，是出野外最多的队员，现在脸上的紫外线灼伤还没有好。他非常有心地把自己拍的照片传回北京，制作成明信片，托海洋局极地办的杨雷带了过来，分发给大家。中午给他敬酒时，水暖工刘凯说以后不能再叫他三毛了，要改叫毛毛了。老谢是最令站长头疼的一个人，50岁的人，爱抽烟，嘴上经常说着不三不四的笑话，晚上不睡觉，到处乱窜。但有一个最大的优点，他特别爱帮助别人，特别是需要出车的时候，他从无怨言。刘博士来自宝岛台湾，凡是有外站来访，他是最勤快的一个，总是忙里忙外，招呼着大家。临行前，他也表达了对长城站工作的一些建议。

These past few days have been confusing. When the government delegation left, a second one arrived shortly afterwards. Meanwhile, a third expedition team of eighteen people also arrived at the base. Four expedition team members would now leave with the delegation. The delegation leaders as well as the departing team members were all toasted. Tears filled everyone's eyes but I managed a smile to cope with such an emotional scene. I really didn't want to watch grown men cry.

1
开会间偷偷跑出去送行先期
离开的四个队员
2
三毛（小傅），一路平安
3
情谊就在杯中酒里，每一
个人都会说，我干了，你
随意

1

2

3

1

2

3

1
小傅走向飞机，挥手告别
2
去机场途中等待机械师小
彭换车
3
机场留影

41

回复学生的一封邮件
An Email Reply to a Student

小可爱：你好！

收到了你的邮件，你目前的状态令我非常挂念。但你知道我远在南极，给予你的帮助十分有限，这让我更加不知如何是好。我想了解的是，你是因为父母、学习、恋爱、身体、未来等，到底是哪一方面出了问题？人不会无缘无故地失落、难过、抑郁，抑郁肯定是有原因的，所以我很想知道原因，能够更加有的放矢地帮助你。

人的一生是非常艰难的，可能你现在才开始逐渐体会到。一个目标达到了，人心就开始空虚，就琢磨着能有一个更加令人振奋的目标，更加激动人心的向往，不断让自己超越从而超负荷运转，最后累得千疮百孔，此时才纳闷，我怎么不幸福？我怎么还不要饭的？我怎么还不如扫大街的？这就是有心理活动、精神世界、感情色彩的人类所具有的特质。

一个人的精神面貌常常传递着很多信号，你是快乐的？你是幸福的？你是苦闷的？你是抑郁的？林林总总，但是我们都希望自己是最出色的那一个，是能够传递幸福和快乐的那个灿烂使者，通过我们的言行，能够感染周遭的人群，传递爱和坚强的正能量。我知道你经常看我的博客，你看我全部写的都是高兴的事情，很少提及负面的东西，我想你一定知道郝老师在这里有多苦，而且这里的苦一时半会改变不了。每天睡不好觉、原以为会是房屋隔声不好，其实往往是十级寒风的轰隆声震耳欲聋。我们的肠胃不能蠕动，我使用了各种办法去缓解，真的是苦不堪言。

小可爱，相信自己，不要因为一时一事放弃自己，永远都不要放弃自己。我常常有句"名言"说给别人听：即使别人把你骂成臭狗屎，你也要像香饽饽那样活着。多年来我一直饱受失眠、腰痛、肩周炎各种疾病折磨，甚至突然呕吐、拉肚子，或卧床不能走动，即使现在肩周炎还在不断折磨我，我前一段打完球，竟然膝盖痛得不能走路，但现在好多了。

保持心智的成熟，对于一个人是十分重要的，尤其是女人。锤炼我们的心胸像海洋一样宽阔，像高山一样坚毅，对于任何事，尤其苦恼的事都应该无所畏惧，相信时间是治愈一切的良方。逐渐让我们的心境变成一个过滤器，把美好的事物留在心间，把那些凶恶丑陋的东西隔离在心外，这是一个不断修炼的过程。记住不靠天，不靠地，靠的就是自己，自己做主，自己就是自己的上帝。

任何时候，任何地点，任何环境，任何年龄段，都要不断鼓励自己，珍惜生命，绝不放弃自己，要不断给自己加油，要爱惜自己，对工作投入百分百的热情，对同学对父母对师长真真诚诚，对生活总是充满激情，对人生总是富有期许，对待困难总是有压不垮打不死的勇气，只有这样，才能有暮年人生彼岸的欣慰，才能有坐在摇椅上的幸福回味，才能有不枉一生的感慨情怀。

你目前的身体是一个长期问题，需要经常关注不断调理。但是，我们毕竟患的不是癌症，即使是癌症，我们也要勇敢积极面对，如果消极面对，又能如何？还不如给世人留下坚定快乐的笑脸，让我们拥有最后的尊严。这就是我的人生态度，希望能够启发你，鼓励你，给你勇气和力量。二十号还是回到父母身边吧，高高兴兴地过个春节，等你回到上海时，我也就应该回去了，我还希望在虹桥机场看到你的笑脸呢！

亲爱的，到底是什么事令你痛苦，如果你方便告知我，我非常愿意为你解闷。现在只能泛泛而谈，希望你能够开心一些。你要坚信，这个世界没有克服不了的困难，这个世界没有不可忍受的艰难困苦，因为拨开乌云就是太阳！

选择坚强，互勉！

Hello, my girl!

Got your email and your news makes me very sad. But you know that as I'm far away in the Antarctic, the help I can give you is very limited and that makes me even more concerned. You have a problem that is probably long-term and requires some hands-on attention. My dear, I am wondering what is causing you such pain and if you can tell me the cause I am more than willing to help you out. For now I can only speak in general terms and hope that this email will cheer you up a little. You must believe that there are no insurmountable difficulties and few completely intolerable hardships in this world. As the saying goes: "Every cloud has a silver lining". Stay strong and keep in touch.

Mrs Hao, with love, from King George Island, Antarctica.

42

建在南极点的美国阿蒙森—斯科特南极站
The Amundsen-Scott South Pole Station

美国人在南极点建造了人类有史以来最大胆的建筑——美国阿蒙森 - 斯科特南极站（Amundsen-Scott South Pole Station）。这里海拔 3 000 米，相距 1 600 公里之外才有城市，在 1 400 多万平方米的冰雪覆盖下，气温可降至 –75℃，降下的雪从不融化，堪称地球环境最恶劣的地方，但是一座举世无双的建筑，一座 21 世纪的研究中心就英勇地矗立在这里。这个建筑要解决 150 名科学家和后勤人员的食宿问题，建有自备发电厂、燃料储存设施、食堂、实验室、净水处理厂、气候研究中心和无线电望远镜。

在南极洲的正中央，来自美国一个超大建筑的施工团队，挑战了这项看似不可能的任务：在这片冰封的荒原，打造一个占地 15 000 平方米的高科技科学设施，全球最先进的研究中心。数百名工人忍耐酷寒的气温，超过 11 000 吨的建材必须空运过来，每年只能在户外工作 110 天，也就是南极洲的夏季，该站花了 12 个夏天才建成。即使建在南极点上，该建筑也必须符合美国建筑及安全法规。施工现场的温度一般都在 –30℃，常常遭遇施工机械冰冻，无法工作等各种困难。

考察站形状像一个机翼，由 36 根"高跷"支撑，距离地面 10 英尺（3.048 米），风在考察站底下加速，可以防止雪的堆积。当雪堆积得太厚，液压千斤顶可以再把建筑抬高两层楼。南极的特殊环境提供了地球上绝无仅有的机会。对天文学家来说，纯净的大气层和座落在地轴上的位置，成为观测天象的完美地点。对物理学家来说，终年不化的冰层，研究神秘的次原子粒子，能看到宇宙混沌初期的原貌。与世隔绝的地理位置，出现过好几次历史最低温，使得南极洲最适合研究人类对气候的冲击。阿蒙森 - 斯科特由美国政府国家科学基金会（National Science Foundation, NSF）于 1957 年 1 月 23 日在南极点建立，以最早到达南极点的两位著名探险家阿蒙森、斯科特的姓氏命名，是南极内陆最大的考察站。阿蒙森 - 斯科特站的科学研究受到美国南极计划（the United States Antarctic Program, USAP）的支持，在共同遵守南极条约的前提下，美国和其他国家携手进行保护南极环境和资源的研究。科考站建有 4 270 米长的飞机跑道、无线电通讯设备、地球物理监测站和大型计算机等。科学家在这里从事高空大气物理学、气象学、地质学、冰川学和生物医药学等方面的研究。

由于冰层以平均每年 10 米的速度向南美洲方向移动，考察站的实际位置已偏离了南极点。为此美国制定了考察站重建计划。

The Amundsen-Scott South Pole Station was established and opened in Antarctica by the US National Science Foundation (NSF) on January 23, 1957. As the largest inland Antarctic research station, the Amundsen-Scott Station can accommodate 150 scientists and support crews. It took 12 summers to build the Amundsen - Scott Station.

1
阿莫森—斯科特站上的极光

2
原站穹顶入口

3
新站远景

4
36 根 "高跷" 将建筑主体

撑离地面 10 英尺

5
新站前南极极点标志（立
柱上的金属球）

6
美国国旗下的新阿莫森—
斯科特站

43

终于等到卸货了
Some Vital Cargo Finally Reaches the Great Wall Base

我们实验的灯具及医用用品装了五个大箱子，随长城站其他物资一起海运，这几天一直说快来了，但是迟迟不来。今天得到准确消息，今晚 9:00 由智利海军把物资拖到离长城站最近的地方，然后用驳船运到站上，卸货的任务将是一个艰难的过程，今晚吃饭时，俞站长特意分了组，有去取货的，有运输的，有在科研栋转运货物的。在南极卸货不比陆地，这里卸货是一个巨大的工程，货物包括补给和各种实验用具。听说韩国站上次卸货，整整干了三天三夜，一刻都没有休息。今晚的长城站，大家都在紧张地待命。

2013 年新年后，长城站的天气一直都是风雪狂作，夜不能眠。昨天下午，天空泛起了蓝色，我们出去走了走。砾石路上已不见大范围的雪水，这里的化雪非常有趣，是从冰层下面开始先化，再形成众多的"渠水"汇入大洋。我们曾经在路上用脚踢开上面的积雪，顿时一条"河流"

就形成了，大家纷纷命名自己的河流，当然我的就叫"洛西河"。昨天看去，"洛西河"已经枯竭了，路上自然也好走了。

我的实验需要四周时间，这就是我着急卸货的原因，否则连准备安装的时间都没有了。其他研究人员只是出去采样，不需要很大的设备。大概只有我的动静最大。在实验器材没有到之前，我已对站区所有用房的光照情况做了深入的调研，也对三个重点队员进行了体动仪的记录，还对 22 个第一、二批队员进行了主观评价，并对一个多次参与极地科考工作的老队员深入访谈。所以现在就等实验灯具安装到位，完成有关褪黑激素的节律光照研究了。但是妙星、小陈、小王这几个年轻队员这几天晚上休息太晚，我得每天对他们不断叮嘱说：你们不要毁了我的科学研究啊！

Our experimental lamps, some medical supplies and other goods had been packed into five large boxes and sent by sea to the Great Wall base. We were told that they were to come soon but nothing had so far arrived. Today, we received some up-to-date news that the supplies would be delivered by the Chilean navy by 9PM and as near as possible to the Great Wall Station. Then the cargo would be transported to the station by barge.

1

2

3

1
人与自然
2
准备开始上课
3
长城站卫星通讯设施

1

2

1
天蓝蓝，水蓝蓝
2
与天接近的部分是千年的
冰盖
3
南极的鬼斧神工
4
被海水冲上岸的浮冰
5
整天发呆
6
整理"燕尾服"
7
寒风中的贼鸥
8
帽带企鹅

44 比利时伊丽莎白公主站——第一个零排放科考站

Belgian Princess Elisabeth Station–The First Zero-emission Research Station

伊丽莎白公主站（Princess Elisabeth Base），位于南极洲毛德皇后地，（南纬71°57′，东经23°20′），以比利时国王孙女伊丽莎白公主的名字命名，耗时两年建成（与美国南极点的科考站不同，他们是在南极组装的），于2009年2月15日开始启用。这是比利时在南极建立的世界首座温室气体零排放的极地科学考察站，也是目前世界上第一个完全依靠可再生能源运行的极地科学研究基地。该站所在的区域地处南极大陆面向大西洋的部分，当地风力强劲，时速可达300公里/小时。为了避免不必要的能源消耗，设计人员还为这座科考站设计了一套能源管理系统。该系统能够24小时监控科考站内的能源产出以及消耗，并可以按照需求自动安排能源消耗的优先秩序，充分利用它的52千瓦太阳能发电组和54千瓦风力发电组。站内每件设备每个电源出口都被编号，根据优先程度供电。

伊丽莎白公主站的长、宽、高分别为72.2英尺（22米）、72.2英尺（22米）和27.9英尺（8.5米）。依靠风能和太阳能运转，其设计力求实现环境影响最小化。太阳能电池板和风力涡轮机将为其提供电力和热水，连窗户也设计成有助于聚集能源的形状。此外，考察站产生的所有废物都能被循环利用。利用微生物分解技术，考察站内的洗澡水和厕所用水最多能循环利用5次。

"伊丽莎白公主"号南极科考站由比利时政府于2004年委托国际极地基金会（IPF）设计并建造，目标是要成为第一个"零排放"的考察站。该站综合使用了环境友好型建筑材料、清洁高效的能源技术、最优化的能源消耗方案以及最好的废物处理技术，以尽量减少科考站在南极环境中留下的生态足迹。

该站依靠8个6千瓦的风力涡轮机提供电力，可以承受−60℃的低温和80米/秒的狂风冲击。由总部位于苏格兰的Proven能源公司特别设计生产的风力涡轮机，可以在地球上最严酷的气候条件下工作。即使在平均风速为53英里/小时（约85.3公里/小时），冬季阵风超过200英里/小时（约321.9公里/小时）的情况下，风力涡轮机依然能够提供230伏的电力，保证科考站的供暖、照明、计算机和其他科学仪器正常运行。Proven能源公司称，这大概可以称得上是当今世界上最有效率的小型风力发电系统。

目前，绝大多数的极地科考站都依靠柴油发电，因为普通的风力涡轮机承受不了极地极端的低温和狂风。除了利用风能以外，该站还采用了太阳能板融化积雪作为水源，从而减少了供水方面的电力消耗。IPF称，该站的落成表明人们越来越重视寻找可持续的解决方案。由于综合使用了现有的多项新技术，该站已成为南极科考的先锋建筑和可持续发展的里程碑。

Princess Elisabeth Station, the world's first polar zero greenhouse gas emissions scientific research station is located in Dronning Maud Land in Antarctica (71.57° S, 23 .20° E). It was built over two years by Belgium and work began there on February 15, 2009. It is named after the King of Belgium's granddaughter, Princess Elisabeth and is the first polar research station to run on fully renewable energy.

1	4
车库	站区环境
2	5
矗立在岩石上	正立面
3	
日落前	

1

2

1
工作空间
2
卧室
3
卧室二
4
起居室的聊天区域
5
起居室
6
卫生间
7
厨房

3

4

5

6

7

45

2013-01-16 03:48:11

卸货现场纪实
Unloading–a Scene Worthy of a Documentary

南极的工作因为天气而始终处于变化不定中。昨天通知让大家都待命,准备9:00卸货,结果又变成今早十点开始。万医生昨晚就没睡好觉,他说一会儿睡觉,一会儿要去卸货,一会儿又改时间,彻底乱了。由于雪龙号今年不到长城站来,我们的货物今年要全部依赖国外科考站转运,所以着急想快都是不可能的。今天长城站的两个集装箱先由驳船拖到岸上,再由俄罗斯站的副站长也是机械师驾驶越野卡车把货物从俄罗斯站运往我站。从驳船卸下货物,然后再由叉车送上卡车。我由于担心自己的实验灯具,所以坐着卡车直接来到了卸货的俄罗斯站海域。队员们中午没有饭吃,他们只能跑到智利站吃点点心、喝点咖啡,因为必须要一鼓作气干完。刺骨的海风,吹得人一会儿就觉得冷到骨头里。等待的时间,我和队员们看看悠哉的企鹅,驱赶寒冷。在站上的队员负责把卡车上的货物一批批分别送进食品栋或科研栋,只见俄罗斯站长亲自驾车又送了一些零星货物,我和许老师连忙从生活栋拿了两箱啤酒送给他们。这里卸货大家都是互相帮忙,不用付钱,况且这里也根本不流通现金。现在已经是晚上八点了,大家都还在忙碌,但是有了实验的装备,我的心里就有底了,再也不用左右犯愁了,科研工作就可以逐步展开,大家伙儿还是非常高兴的。

Today, two containers destined for the Great Wall Station were pulled ashore by barge, transferred from the barge and then forklifted onto a truck. There was no time for lunch for any of the workers because of the need to finish the unloading quickly. All they had time for was snacks and coffee from a Chilean food stand.

1

1

2

1
智利站小艇
2
俞站长（左一）亲自指挥
作战
3
小王非常老道地在指挥叉
车
4
俄罗斯副站长兼机械师，
是第七次来南极工作，英
语很好
5
食品库卸货处

3

4

5

我们需要严谨的工作作风
Thoughtful Work Practices

从卸货那天我跑到俄罗斯站码头，到昨天开始清点实验灯具、照度计及我们带来的医用物资，发现少了存放睡液的试剂盒、医用手套及纸质问卷和睡眠日记记录，我翻遍了每一个箱子，每一个大小包装，均没有找到。尽管这些东西不会对实验造成难以进行的影响，因为我们准备了电子档文件，我随身带到了长城站，以防万一。昨晚分别与林老师和俊丽联系，得知最后还是少了一个小号箱子，里面就是这些不见的试剂盒。目前不知这个箱子是在上海极地码头没有装上去呢？还是运往了中山站？今天我不死心，听万医生说昨天食品栋有一些小箱子外面缠着塑料纸，所以我决定还是跟张副站长说下，去食品栋找看。去之前，我还是先到科研栋堆放卸货的地方仔细查找，又在我们到的五个箱子里又找，确认没有。出来和万医生一起来到食品栋，但看到万医生所说的箱子是网上购物的"一号店"纸箱。彻底绝望了！原定实验昨天开始，决定推迟一天，我总是抱有一丝幻想，没准儿在哪里躺着呢。

在科研栋查找时，我也发现别的科考单位实验用具都是箱子打得整整齐齐，要么就是专用的非常结实的铁皮箱子。有一点他们做得特别好，就是将这次科考共几个箱子，有一个总数，然后每个箱子分别是几号箱。所以别人把这些物资运上船时，一看到你总计有几个箱子，已经搬了几个箱子，清清楚楚、明明白白。我们的箱子只是写了长城站和我的名字手机，但没有几号箱共几个箱子的标记，如果落下一个，当然工作人员未必知道。

其实生活、工作也都是一样的，养成井井有条的习惯，逐步培养严谨的工作作风，会避免很多的失误发生。例如我们平时发给对方方邮件，如果是多个邮件，务必在第一封邮件告知对方总计几个邮件，然后在提示词里标记如 5－1、5－2 等，这样一是对方明白邮件的总数；二是如果少了，别人好告知哪封邮件没有到，自己是不是也很容易核对呢？严谨的人总是比随性的人发生失误的概率要低，千万不要指望别人不犯错误。这次有这么多单位参加科考，大家的物资又大小不一，出发的时间又不一样，所以工作中难免会出现失误。但是如果每一个人都把自己环节的那部分工作做好，尽最大可能做得缜密，那么最后发生像遗失这种事情的概率就会降低！所以希望我们大家都养成严谨的工作习惯，对工作、对生活、对大家、对个人都是百利无一害。这会提高我们的工作效率，减少不必要的时间消耗。所以我认为，对工作的严谨态度，怎么都不为过。共勉共勉！

After the day at the unloading docks yesterday I began to count the experimental lamps, the light meters and the medical supplies that we brought here. I rummaged through all the boxes for saliva kits, medical gloves, questionnaires and diarized sleep records After searching every box and I did not find everything I was expecting.

Obviously we (all) need to develop thoughtful work practices for the betterment of our workplace and our lives generally. Good work habits improve efficiency and reduce unnecessary time wasting. I rest my case!

1
六个箱子，其中五个到了长城站，遗失一个

2
非常清晰的物资清单

3
我们物资包装大小不一，占用空间，不易托运

4
总计和序号，清点方便，也不容易遗失

5
箱体结实，避免远航中撞坏

6
来自同校的环境学院的科考物资，他们做的比我们好

2013-01-19 09:00:00

实验条件的控制
Control Conditions for the Experiment

终于真正开始实验了，但还是觉得很多问题思想上没有理清楚，以至于会影响到实验设计，包括如何布置实验房间和对被试如何控制，如禁止咖啡、安眠药、作息时间等。前天和昨天向 7 个被试人员发放了知情同意书，每个人都签了名。关于被试的选择着实让我纠结了几天，要优先考虑越冬人员，要优先考虑之前佩戴过体动仪的，要优先考虑已经在站上呆过一段时间的，所以这次没有选择女队员被试，主要考虑她们刚刚上站，生活情绪还不稳定，但是她们好配合，好管理。我首先定下了妙星、小王和小陈，他们三位之前戴过体动仪，对极地环境已经熟悉，但是这三个人太难管理，要么早睡，要么晚睡，生活极不规律，让我十分犯难。我告知站长力劝他们务必配合实验，否则我真的就白来南极了。接下来选择了万医生和小彭，他们住在一个房间，生活规律，而且都是越冬队员。尤其是万医生，对实验的理解和服从比较好。最后选择了气象学许老师，主要是考虑他有一定的生活品位，而且有多次南北极科考经验，早睡早起，无不良嗜好。那么他同屋的那广水博士也自然成为了被试，他是第三批刚刚上站的队员，但是个人修养好，生活同样非常规律。更让人意想不到的是他原来是学临床医学的，现在竟然从事海洋环境研究了，真是太牛了！

我将《睡眠日记》重新打印，并给每人编了序号。同时打印了《活动情况记录表》，记录每天在野外、室内情况。昨晚我分别测定了每个人的血压和心跳，一切都显示正常。今晚，将三间实验房间安装了遮光窗帘，避免被试在室内受到自然光照的影响。

我一直在思考一个问题——任何实验要经得起推敲，要经得起重复，要经得起时间的考验，否则结论将不具备实践的指导意义。另外，关于样本大小的处理，我认为只有 15 到 20 人的被试样本，去做跟几万个样本同样的统计处理方法，这样的结果不能令人信服。显然，小样本中一个被试的影响是非常之大的，即便是剔除，也不具有可信度。再者，光与视觉或生理节律的实验，应该分为两类：机理性实验和应用性实验。我们之前在陆上进行的几次实验，将各种条件控制得非常纯粹，这应该是机理性实验；现在来到南极，一是根本不可能将实验条件控制的只有两个或几个限定的条件，而且我们是基于陆地的实验结论做出的灯具，再在极地的环境条件中，进行论证，这个就属于应用性实验了。所以应该以主观评价为主，以褪黑素检验为辅。这是我这几天苦思冥想的结果。

Even though the experiment is really about to begin, it seems like I haven't got a proper grasp on how to deal with issues that will probably affect the design of the experiment. For example, how to arrange the experimental room, how to control the use of prohibited substances such as coffee and sleeping pills and a devise a strict schedule for the experiment implementation.

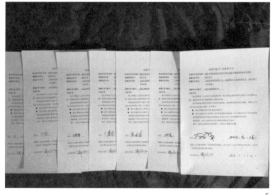

1
被试队员（从左往右）：
万医生、小彭（机械师）、
许老师（气象学家），妙星、
小陈、小王（这几个最难
管理，常常不按时睡觉）

2
非常有志向的那广水博士，
也是我们实验的被试

3
下午安装好的遮光帘

4
晚上访谈记录一天的活动
情况

5
七份知情书上被试队员全
部签了名

135

48

极地环境中的光色喜好
Photochromic Preferences in a Polar Environment

今天终于把生活栋休息室的光源换成了飞利浦 12W 的 Master LED 球泡灯，该光源就是获得能源之星的那个著名 LED 光源，色温为 2 700K。之前使用的是色温 5 700K 的各种节能灯，光色偏冷，照度也低。在南极这个环境中，因为没有植物树木，也就是说没有任何绿色或彩色，所看到的大部分就是天空、海洋、冰雪的蓝色或白色，现在是夏季，所以还有裸露的岩石。但整个环境的色彩极其单调，温度偏低，毕竟是冰雪世界嘛。所以只要是有点生活情调的人，都还是喜欢室内安装暖色调的灯光，感觉温馨些。但是有两个问题需要注意：一是照度；二是光色也需要过渡和适应。

暖色调的环境如果照度低的话，往往给人昏暗的感觉，所以似乎要保持较高的照度，才能做到看得见又温馨，否则人们也容易因看不清或感觉看东西费劲儿，而产生心理烦躁。生活栋有门斗和门厅，门斗处的灯光最好能

够有较高的色温，如 6 500K，以平衡户外的自然光。进入门厅，可以使用 5 000K 色温的灯光，再慢慢过渡至常呆的房间。空间与色温的关系，除了空间使用功能和活动性质外，还得视人流停留时间长短而定，时间短的，就不必太在意；但停留时间长的，如需要更衣的空间（生活栋的进出区，科考队员在此换鞋、穿衣、戴墨镜、手套、拿设备等，全副武装好需要十分钟到十五分钟左右）停留较长时间的话，尤其是过渡空间，还是需要我们给予仔细的考虑。

不得不说的是，光色的关注跟人的修养、成长背景、生活追求还有直接关系，那些粗线条的人还真的是不太关注这方面，竟然有个队员对我说：啊，这光还有黄的和白的之分？我说看来你在生活中是个没有品味的人（他的眼神告知我，他好像不服气，没准儿头一次有人这么说他）。

The popular Philips Master 12W LED lamp (2700K colour temperature) that has won awards from EnergyStar has finally replaced the old lamp in the luminaire of the foyer of the common living area. Both the storm shelter porch and the hall in the common living area required some attention. It was better to put lamps with a higher colour temperature (e.g. 6500K) on the storm shelter porch to balance natural, exterior light. While inside the hall, a lamp with a 5000K colour temperature was more suitable. Further inside, the colour temperature could be altered to an average standard in the common rooms.

1
换灯后效果（说实话也不是
太好，照度低所致，原因是
灯具反射器效率低）
2
小王和妙星帮助更换（今
天大雾，他们无法出野外）
3
换灯前的室内效果，人脸
看起来不舒服
4
现在的效果，比起惨白又
昏暗之前的照明效果，好
一些，但没有我想象的好

49

2013-01-22 07:42:36

谢天谢地终于亮了
Thank Heavens the Lights are Finally Working

经过这么远的距离，把这些灯从上海运到南极长城站，怕装货卸货的剧烈震动造成某些线路损坏，怕程序失灵，总之，我最担心的是这三个实验用灯。

昨天与电工老黄说好，我今天把灯的线接好、点亮，明天下午他来帮助安装。我今天上午分别到了三个房间，检查吊顶，看里面是否有悬挂的吊筋之类的承重构件。还好，三个房间都能够找到挂灯的地方。

下午准备接线时，我打开了所有实验灯和备用灯的箱子，却不见任何电线和插头，仔细找遍都不见踪影。我记得在亚明封箱时是有的，也可能他们另外装了一个箱子，应该就在那个没有到长城站的箱子里。

我只好估摸了所需电线的长度，叫上妙星跟我一起到发电栋找老黄，老黄拿出两种电线，我选了一种，又找了三个两相插头，黄师傅立刻帮助我将电线和插头连接起来，我非常高兴，总算有了救命的电源线。临走时，我和妙星高兴地打起了乒乓球（发电栋里有一个乒乓球桌子和专用的空间）。

我忐忑不安地回到了科研栋，把三个实验的灯具取出来，分别通电试了下，灯全部都亮了，真是让我这几天心中的负担都卸了下来。不懂电又怕电，尽管我从事照明专业十几年，但是从没这么自己动手折腾过，说来惭愧！

Yesterday I had made a deal with Mr Huang, the electrician, for him to come to help me this afternoon to install the lights since I needed to have them connected and tested. The suspended ceilings in three rooms were checked this morning to make sure that there were some supporting beams that could be used. It was very lucky that a spot was found in every room for suspending lights. When all three experimental lights were checked and working, I connected them to the electrical outlets. Only then was the worrying burden of the past few days dispelled.

1
琢磨如何接线
2
晚饭时记录两个被试的睡眠和活动情况（小王和妙星）
3
在南极人多少都有点变笨了，一个很简单的事，在这里要折腾很久
4
初尝喜悦

象海豹不同于可爱的威德尔海豹，让人见了，总是心存恐惧。听去过西海岸的科考队员说，那里聚集了较多的象海豹，成群挤靠在一起，在岸上慵懒地晒着太阳。我见过两次象海豹，一次是去企鹅岛的路上；还有一次就是三天前与妙星去山顶拍照片，在长城站码头，看到一只巨大无比的象海豹。

按照严格的科学分类，象海豹属（学名 Mirounga），是鳍足类海豹科的一属。象海豹是世界上最大的海豹，分为南象海豹和北象海豹两种。前者产于南半球，后者产于北半球。雄象海豹比雌象海豹大得多，最大的雄象海豹，体长 4～6 米，体重可达 4 吨。雄性南象海豹不仅是最庞大的鳍足动物，更是地球上最大的食肉动物。

象海豹之所以得名，不只因为体形巨大，还由于成年的雄海豹有个短短的象鼻，鼻子垂下来遮住口部。当雄象海豹发怒时，鼻子便会膨胀起来，长达 50 厘米，还发出很响的声音，并且会伸出一个橘红色的肉质球。象海豹眼睛大且圆，呈黑色。有后肢和尾鳍，每一只脚有五个长蹼的趾。象海豹会用鳍来支撑及推动身体，能够在短距离内走得很快，速度高达每小时 8 公里。它们生性暴躁，战斗力极强。

象海豹体态巨大臃肿，体毛呈黄褐色，相貌实在不讨人喜欢，它们在陆地上常挤在一起，躺卧之处，遍地屎尿，腥臭扑鼻，是一种行动缓慢，反应迟钝的动物。人们轻轻地来到它的身旁，象海豹竟会毫无知觉，继续在沙滩上睡大觉。象海豹在陆地上行动起来很困难，因为它的前腿短得实在可怜，不能支撑它那笨重的身体。它在岸上移动时，必须把全身重量放在肚皮上，靠它支撑着身体，然后再靠两条并不发达的前肢，十分吃力地向前移动。象海豹生活在海洋中，主要以小鲨鱼、乌贼和鳙鱼等为食。繁殖时期迁徙至海岛。象海豹在每年的 8—9 月繁殖。一头雄象海豹与几十头雌海豹组成一个一夫多妻的大家庭，每头雌象海豹一胎只产一仔。刚出世的小海豹浑身披着黑色的绒毛，平均体重约 39 千克，哺乳期约为 30 天，十分活泼可爱。小海豹断奶后不久，就各奔东西，到海洋里觅食去了。

According to scientific classification, the Elephant Seal genus (scientific name: Mirounga) strictly belongs to the Pinnipedia Phocidae. The Elephant Seal is the largest seal in the world. The biggest male elephant seal grows 4~6m in length and weighs nearly 4t, far bigger than any female elephant seal. The male elephant seal is not only the largest pinniped, but is also the largest carnivorous animal in the world.

1
在长城站码头悠闲的象海豹

2
它也有"身轻如燕"的时候，
把贼鸥看的"目瞪口呆"

3
沐浴在阳光下的这只象海
豹，整整躺了一整天

1

2

1
它正在换毛，所以相貌有点
吓人
2
姿态各异，它很少是这样
的姿态，因为平时都在打
盹睡觉

1
洗脸
2
象海豹胖的几个大下巴
3
张着大嘴，打哈欠
4
再发出几声怒吼
5
总觉得这个样子如狮虎般
凶猛，我害怕

51

2013-01-23 05:06:57

太阳出来喜洋洋
Happy When the Sun Rises

元旦后的费尔德斯半岛一直都是坏天气，要么狂风呼啸，要么雨雪交加，要么大雾弥漫，要么阴雨绵绵。

两天前的一个风和日丽的下午，我跟随着妙星出门了，相约去拍点照片，也顺便放放风。大家实在被连续的糟糕天气搞得精神萎靡，缺乏斗志。

经历了差不多两周时间，整个长城站区已改变了容颜，近处的积雪已彻底融化，远处的山体已露出了黑色的岩石，逐渐有了黑夜，听说清晨两三点才有日出。我们是在地球的底部，感受着南极的万物复苏。

一路上不知哪里融化的雪水，形成一股涓涓细流，从山顶而来，在阳光的照射下，波光粼粼；远处，能望见大红色的油罐矗立在山坡上；燕鸥成群地在头顶盘旋，之后又飞向大海，再盘旋而至山顶；无数地衣和成片的苔癣，与黢黑的岩石构成南极特有的地貌；极目望去，海洋与冰山中的一角，在蓝天的映衬下，与远处千年不化的冰盖，成为南极特有的白色世界。南极的主人企鹅们，在没有融化的雪地里步履蹒跚，但依然高傲地挺着将军肚，奔向海洋。

一个阳光明媚的下午，一个沁人心脾的南极之夏。

The bad weather around Fildes Peninsula had not changed since New Year's Day. Whistling wind, sleet, fog and rain all took the stage in turn. When a peaceful, sunny day came along the day before yesterday, I went out with Miao Xing to take some pictures. Today is a sparklingly lovely afternoon in a South Pole summer.

1
远处的冰盖
2
油罐
3
雪化了

1

2

3

1

2

3

1
冰山一角
2
南极夏季的长城站
3
我的摄影习作——路
4
清澈的海水
5
南极夏天的山体肌理
6
我的摄影习作——生命：
南极地衣
7
我的摄影习作——码头栓
绳
8
我的摄影习作——无题

4

5

6

7

8

52

2013-01-24 07:57:08

勇闯西海岸
Tackling the Coast

在智利站军用机场附近的一大片海域，被大家叫作西海岸，每一个去过的人回来都说，那里风光很美，有着成群的海豹，还有个平顶岩。妙星与小傅曾经去过那里几趟，拍了很多照片。万医生曾跟着妙星去过一次，回来时的兴奋溢于言表，但是我拒绝他给我看照片，因为他们把我抛弃了（本来说好一起去的，他们竟然忘记叫我，当然那天天气确实不好）。今天妙星中午吃饭时，特意告知我，下午看样子天气要好转，邀我一起去西海岸。我当然不想再失去这次机会。许老师闻讯，也要和我们一起去。下午一点半，我们全副武装，让小卫开车送我们到机场，然后我们自己走下海滩。

到达机场时，天气已经好转，智利电视台在录制节目，只见空军的两家固定翼飞机在头顶飞翔。我们顺坡下到滩地，妙星指着远处喊："快看，海豹！"我们一行三人快速朝海豹方向前进。不一会儿，妙星就奔到了前面，我和许老师跟在后面，后来只剩下我一人沿着松软的滩地慢慢前行。突然，我的右脚陷入泥泞的滩地里，满地是水和泥，我的左脚接着也陷入其中，任凭我怎么使劲，越想出来却陷得越深，眼看泥浆就要没过胶鞋，我拼命喊许老师，他立即过来拉我，但是根本动不了，结果许老师双脚也陷进里面。我朝着远处高声喊妙星，但他不知是在专注看海豹还是其他，死活就是听不见。只听许老师说，别急，别急。我真是急死了，我害怕许老师像我一样，也拔不出来，那可怎么办啊！此时只有拼命往外抬脚，左右晃脚，但是黏稠的胶泥怎么也没有松动，最后我干脆先把右脚从鞋子里解放出来，许老师用劲把胶鞋拔出来，我再穿进去，再依次解放左脚。最后，我

们相互扶持，走出了"沼泽地"。我哭喊着说："我再也不来了。"

见到妙星，我描述着刚刚惊心动魄的场景，他说自己一点都没听见，刚才正对着一堆海豹在摄像呢。我和许老师一路奔波，来到海边，一群一群的海豹在那里躺着，有的闭目养神，有的在好奇地看着我们，但都还算温和。可远处的海狮就不那么友好了，我和许老师过去后，它冲着许老师匍匐过来，张着大口，非常吓人。许老师自言自语说："我没招你惹你，你这是干嘛啊？"我说："许老师，咱们还是离开吧，我们可能进入了它的领地。"

湛蓝的天空与海水浑然一体，一浪高过一浪的海水冲刷着岸边的礁石，到处是冲上岸的海藻和青苔，还有无数的小磷虾。再次遇到妙星时，他在拍摄一只刚刚出生的小海狮，他压低声音对我说，它的爸爸妈妈出去打工，去觅食了。妙星主要是研究海豹行为学的，所以他要用大量影像记录海豹、海狮的习性。眼看四点半到了，我和许老师必须离开，因为要回到智利机场，等着我们的人来车接。妙星决定继续留下来，他执意要等到小海狮的爹妈回来。他和许老师相互试了下对讲机，让我和许老师先期离开。

今天第一次看到海狮，它可是没有海豹可爱。一路看到遍地的企鹅尸骨，让我对海豹也充满了怨恨。在南极的食物链就是这样，鲸鱼吃海豹，海豹吃企鹅和贼鸥，贼鸥吃企鹅，企鹅吃磷虾，磷虾吃微生物。大自然就是这样，物竞天择。

The so-called east coast is near the Chilean Airport. Everyone who has been there has spoken highly of the spectacular nature of the place. I was told that there are many herds of seals and a flat-topped rock. When we were having lunch today, Miao Xing told me of his determination to go there because the weather seemed to be improving that afternoon.

1
智利空军固定翼飞机
2
旖旎风光西海岸

1

2

3

1
一堆海豹，据海豹专家妙星
讲，一只公，其余全部是母
海豹
2
泥泞
3
饱眼福的好风光总是要历
尽艰险

1
看镜头
2
这样子就不讨人爱
3
肥嘟嘟的象海豹
4
海狮
5
刚刚出生的小海狮，妙星
说爹妈出去打工了
6
换毛期

7
像耗子的海狮
8
又一只海狮
9
又是一群象海豹
10
冲上岸边的小磷虾
11
被海豹蚕食的企鹅
12
西海岸到处都可以捡到水
晶石

今天长城站突然又风雪交加，阴沉沉的天空，犹如大家的心情。

中午吃饭时，我带着《睡眠日记》，寻访每一个被试，结果除了许老师，其余六人均睡得不好，特别是万医生，吃完饭就匆匆离开餐厅，大概是回去睡午觉了。他已经连续几天睡眠不好了，当然我这几天更是如此，昨晚依旧睡得不沉，早晨约 4:00 醒来，怎么也睡不着，于是开始听 iPad 里下载的《锵锵三人行》音频，大约又迷迷糊糊睡了一个小时。但我坚持不吃安眠药。

前两天在两个被试房间安装了实验灯，还剩万医生的一间没有安装，争取明天安装好，实验灯的开启还要过一周，所以还有准备时间。

今天下午一点钟，我就带着各种实验指示书，来到科研栋，准备将唾液试管和尿液试管全部编号，把每天每个被试要用到的医用物品分别放在保鲜袋里，这样分发时就很清楚，不易出错。明天我还得检查科研栋冰箱的空间是否足够，这些采样（别人都是采样生物、海水，我采样的是人）要在长城站冰箱里放置一年，等待明年雪龙号来长城站才能运回上海（南极采样有严格的规定，我们的样本不允许直接空运，而且也没有冰冻条件）。

由于天气恶劣不能外出，小陈在浏览照片，小王和妙星都在玩游戏，小王玩的是足球游戏，还是非常逼真的实况直播呢。妙星玩的是某款帝国游戏，我不觉得有意思，也许男孩子就是喜欢打打杀杀的游戏。我总想等我退休时，也能够安然地玩玩这些高科技的游戏，我们可是玩泥巴长大的一代。

To avoid making mistakes, I numbered all the saliva and urine test tubes and then at one o'clock I went to the Scientific Research Department armed with all kinds of instructions. Next I had to clearly identify the storage bags that the medical stuff will need each day for all the subjects. I will have to come back to the Scientific Research Department tomorrow to check that the refrigerator is sufficiently large enough for all these samples to be stored. All the samples have to be stored at Great Wall base for one year so that when Xue Long arrives they can be brought back to Shanghai.

1

2

3

1
编号花了整整三个小时
2
担心是多余的
3
小王帮助安装实验灯

54

帽带企鹅
Chinstrap Penguins

今天一早，万医生、许老师、殷赞、妙星、老黄、我和一位新来的科考队员相约一起去企鹅岛，想再看看那些嗷嗷待哺的小企鹅，长成什么样了。但是非常遗憾，由于沙坝处仍然还没有退潮，我又没有穿胶鞋，所以等了很长时间，潮水退得很慢，加之风大，我和许老师只好返回，其余的人则蹚水过去，万医生还背了老黄一段，他们都上了企鹅岛。中午光景，他们一行人回来赶上了最后的午餐。万医生兴奋地说："小企鹅已经快长成大企鹅了，才过了多长时间啊，也就一个月。"妙星说："小企鹅追着爹妈要食，把爹妈追得到处跑。"

我虽然没有过沙坝，但今天看到了许多帽带企鹅，所以也算饱了个眼福。

帽带企鹅最明显的特征是脖子底下有一道黑色条纹，像海军军官的帽带，前苏联人称之为"警官企鹅"。帽带企鹅也被称为颊带企鹅或胡须企鹅，学名 Pygoscelis antarctica，身高 43 ～ 53 厘米，体重 4.4 ～ 5.4 千克。主食是磷虾和鱼。

帽带企鹅与同属的阿德利企鹅长得相似，唯一不同之处在于它有一条黑色细带围绕在下颚。躯体呈流线型，背披黑色羽毛，腹着白色羽毛，翅膀退化，呈鳍形，羽毛为细管状结构，披针型排列，足瘦腿短，趾间有蹼，尾巴短小，躯体肥胖，大腹便便，行走蹒跚。其排卵期为每年 11 月下旬，每年夏天通常孵出两只幼企鹅。与其他企鹅优先哺育较强壮的幼仔不同，帽带企鹅同等对待其幼仔。企鹅幼仔的羽毛在 7 ～ 8 星期后即长丰满。其捕食活动主要在聚集地附近的海域。尽管帽带企鹅白天和晚间均可在海上觅食，但其入海捕食主要集中在午夜和中午。

The most obvious feature of Chinstrap Penguins is a black stripe under the neck that looks like a naval officer's hatband. Russians call them Officer Penguins. Chinstrap Penguins are also called Bearded Penguins and their scientific name is Pygoscelis Antarctica. Their average height is 43 ～ 53 cm, weight 4.4～5.4 kg and their staple food is krill and fish.

1
柔术
2
瞭望
3
休憩
4
整理衣衫

1

2

1
找找看，有一只不是帽带企鹅

2
去海里游泳总是呼朋唤友

1
帽带企鹅身高 43 ～ 53 厘米
2
面部
3
帽带是指企鹅的下颚处有
一细带

1

2

3

为了这趟南极之行，其他虽然没顾得上准备，但照相机是早早就开始准备了。先是打听了几款最新的相机及功能，最后都只能忍痛割爱，我由于颈椎和肩周都非常不好，加之体力不支，所以任何好的相机或镜头对我来说都意味着重量，所以分量轻画质好的相机就成为我唯一的选择，但是这样的相机其实根本不存在。看来看去，赶时髦地选择了 Sony Next — 7 微型单反相机，花了 15 000 多元人民币，当然包括 18 ～ 200mm 焦距的镜头。现在用下来，这个相机太不值得买，存在几个问题：

1. 份量并不轻，与 CANON 比起来，几乎一样重；

2. 画质不怎么好，与 CANON 比，画面的色彩饱和度不够；

3. 闪光灯存在严重缺陷，由于镜头长，画面左下角有一块暗角。厂商怎么会不顾这种缺陷就上市呢？

4. 与 CANON 相比，价格要贵一倍多。

所以，比较下来，还是应该买 CANON 啊！看来我的牛机并不牛啊！

昨晚，天空异常晴朗，晚饭后小王约大家出去拍照。于是，俞站长、我、殷赞、小陈，还有一个科考队员，由小王开车来到一个海湾处，这里是企鹅聚集的地方。大家纷纷摆开架势，拿出各自的"武器"，对着这群帽带企鹅，寻找着各种角度，记录着它们的喜怒哀乐、千姿百态。大概是因为在南极的日子里，大自然的景象实在单一了，每天迎来过往都是这些人、这些景，渐渐地我们失去了往日的欣喜和冲动，企鹅们对我们也失去了好奇心，

爱答不理，最后竟然列队远离了我们的镜头。

我们一行怏怏地返回站区，刚到生活栋门口，只见妙星从发电栋冲出来，高喊着：快拿相机啊！天空燃烧了！晚霞，晚霞！此时大家又是一阵亢奋，一群人往海边冲去。由于天冷，我干脆进屋，来到走廊尽端，打开窗子，把相机伸到外面，但晚霞早已不见了踪影。再往左边一看，一轮圆月挂在天空，我拍下了在南极的第一张明月当空照的影像。

摄影的确是一个陶冶性情的最佳业余爱好，想当初天津大学马剑教授在世的时候，常常说起他怎么醉心于摄影，用影像记录人生、记录生活。很遗憾，他英年早逝，不能用镜头阅读巍峨壮观、秀美恬静的大自然，不能用镜头品味亦幻亦真、苦乐年华的人生。我虽爱好摄影，但没有花时间钻研，影展也没有看过几个，唯一专门欣赏过的算是十几年前曾经在日本东京的一次关于中国黄山的个人影展，摄影者是一位日本艺术家，我记得那是些黑白的影像，以山峰和松树为主题，天空为背景。那次展出的方式也很特殊，是用投影的方式展出的。我欣赏和熟悉的摄影艺术家，就是王小慧与她的《花之灵》，女性的细腻和对生活的理解都倾注在她的影像作品中。再比如华南理工大学的赵红红教授和北京建筑设计院的汪猛老师，尽管摄影不是他们的专业，但是以我的视角，他们都是极具专业范儿的摄影爱好者。

Last night, the sky was quite clear so Xiao Wang invited us to come and take photos after supper. Xiao Wang drove us to the bay where Chinstrap Penguins gather. The fun began when everyone posed, one after another, brandishing their "weapons" in the general direction of the crowd of penguins. Each person adopted various poses, pulled faces and played with camera angles for best results.

1

2

3

1
友好相处
2
快活
3
它们是这片大陆的主人

1

2

1
对话
2
通讯员殷赞给我看他拍的
照片

1
那天，那山，那海
2
晚霞已失
3
月儿
4
我从楼上拍摄的"夜景"

56

南极缺钙现象
The Phenomenon of Calcium Deficiency in Antarctica

昨天智利海军站来长城站打排球，不幸又一名队员受伤了，大家都说这排球是个魔咒，继上周机械师小彭受伤后，这周又因打排球受伤。

智利海军站的度夏与越冬队员均是军人，他们个个身强力壮。听说他们的足球水平很高，无奈在南极根本没有足球场让他们施展拳脚，他们站上仅有的体育馆也由于大火毁于一旦，所以长城站的体育馆成了他们心中向往的"圣地"（他们站上有周末，所以今天就是利用周末来打球。长城站没有周末，天天都是工作日）。

今天一早，俞站长打电话到我房间，说10:00他们要来打排球。天啊！我们站上的科考队员几乎倾巢出动去采样，只有我和一位李老师没有外出。我的计划本来是去洗澡（我总是上午起床后洗澡，怕下午和晚上影响到男队员集中使用），只好匆匆收拾一下，到了综合栋。我带着照度计，干脆利用等候时间，评估一下体育馆的照明情况。

10:00刚过，他们就在站长的带领下，开车来到了我站。换好衣服他们还围着小小的体育馆做起了热身活动。之后，我和李老师分别加入他们的队伍，分成两个队开始排球比赛。其实他们也不太会打排球，只有他们的副站长兼厨师Budo，发球一传都很到位。智利海军站的站长也比较会打，但看得出他篮球水平要高过排球。大概由于他们喜爱足球，当接不到球的时候必定用脚，当然在排球规则允许下。打过两局之后，我下场担任裁判，眼

看着就要吃午饭了，不知什么原因，智利的一个队员突然表情痛苦地大喊起来，只见他捂着自己的脚随即倒地，大家都惊呆了。我立即从桌子底下的急救包里拿出云南白药喷剂，李老师冲到厨房冰柜拿了一条冰冻鱿鱼敷在他受伤的脚上。他们讲着听不懂的西班牙语，现场大家心领神会地忙来忙去。今天，万医生跟着妙星去野外了，后来小彭赶来，拿着绷带和双拐。简单处理之后，他们的站长决定立即送他回智利站，到他们的医院做进一步检查治疗（他们的医生今天值班没有来），其余人去洗澡，留下来在长城站吃午饭。

上次小彭受伤时，万医生就说，第一天上站时，就看到那副双拐放在走廊尽头，他就觉得不吉利。可惜他没有及时清理走，估计是上次科考队某人曾经受伤使用的。瞧，医生也很迷信啊。

今天中午吃饭时，张副站长说下午他要去智利海军站送药贴，给那个受伤的队员。我们的队员总是抱怨地板太滑，不是专业体育馆的铺装；我则数落馆内的灯光九个灯坏了三个，眩光不说，照度也不够。张副站长说，什么都不是，是南极缺钙造成的。我查了下资料，张副站长的话最准确。受南极饮水条件的限制，队员普遍缺钙，经常因缺钙而腿部肌肉抽筋，或手指关节麻木疼痛。饮水方面，因为南极都是雪水，水中缺少矿物质，所以缺钙是所有队员面临的问题。我们都发了一瓶钙片要求大家服用，我经常忘记吃。看来补钙是非常重要的事情，尤其在南极不能忽视，越冬队员更加要注意。

Yesterday the Chilean Navy team came to the Great Wall Station to play volleyball. Unfortunately a player was injured. People who spend some time in Antarctica tend to suffer from calcium deficiency because of the quality of the water. Leg muscle cramps or numbness or joint pain are some of the symptoms one can suffer from. There is only snow water to drink and it has very few minerals so calcium deficiency can be a problem.

1
穿 10 号球衣的就是他们的
站长
2
冰冻鱿鱼敷过后用纱布缠
裹
3
众人关切

1

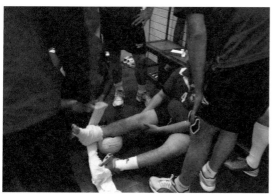

2

3

57

2013-01-29 02:26:57

实验第一次采样
First Experiment Samples

现有照明阶段的实验已经开始一周了。按照实验设计从今天起连续四天要采集被试的尿液和唾液，尿液是每天7:30一次，唾液是一天六次，采集时间分别是7:30、12:00、16:00、18:00、20:00和22:00。

昨晚我将每个被试编好号的集尿管和唾液管、吸管、唾液及尿液杯分发给被试，按照事先准备好的《极地操作实验说明书（日志）》的要求，分头给大家讲解，又通过29次科考队的QQ群将采集尿液和唾液的时间要求与大家再次强调，我不希望中间有任何差错。

之后我分别找被试测量了他们的血压和心率，除了小王由于野外劳累，低压有点偏低，大家都基本正常。与此同时，我又去三个实验房间测量了房间的两个桌面照度和色温。顺便在万医生的帮助下，测量了生活栋走廊的照度，准备明后天有空时将走廊的光源换掉，目前使用的是节能灯，而且有暖有冷，光色不一。

昨晚叮嘱大家7:30准时开始第一次的唾液和尿液采集，我也将手机设置了闹钟，准时起床。心里有事，我总是

睡得不踏实，入睡困难，中间总醒。等我起来，轻轻敲万医生和小彭的房门，里面已经应声开始。我又敲开许老师和那博士的房门，那博士应门，说许老师已经到科研栋工作了（许老师总是起得特别早）。我迅速来到科研栋，没想到平日最难管理的"三只小白鼠"已经起来了，小陈、小王已经完成采集，随即妙星也已完成，让我"狠狠地"表扬了他们。没想到，许老师试了很长时间，怎么也收集不到足够多的口水。我托万医生告知他如何做，最后许老师也顺利完成采样。我将七个被试的唾液和尿液管用封口膜每个逐一封口，保证存放和运输的安全。封口膜还是妙星昨晚给我的，他们经常会使用。最后将处理好的采样送到科研栋的冰柜里妥善保存。

上午我在电脑上连接体动仪，挑出还有电量的共六块，重新设定后，分别给万医生、许老师、小彭、妙星和小王戴上，小陈就不戴了。

之后又与万医生说起了实验设计，他从医学的角度谈了他的想法，我从设计应用的角度谈了我的想法。跨学科的研究本来就应该相互交融，博采众长。

The lighting experiment phase has begun and it will last for a week. In line with the parameters of the experiment we are scheduled, from today, to collect urine and saliva for four consecutive days.

Every day at seven thirty in the morning a urine sample is collected and saliva is collected six times a day: at half past seven in the morning, at noon, 4PM, 6PM, 8PM and at 10PM.

1
妙星帮助我一起将所有收上来的采集管用封口膜封好
2
我们事先没有准备这个封口膜，是妙星提供的
3
妙星很认真，但这白大褂穿在他身上特别不对劲

1

2

3

58

真是急死人
Worried to Death

下午从南海岸回来后，因许老师赶着 16:00 回去采集唾液，我让他快点先走，自己从油罐不远处往回慢慢走，可腿脚都不听使唤了，因为之前上山下海，现在跟企鹅走路差不多，一路蹦蹦跳跳。

走到码头处，我看到一只象海豹匍匐在那里，还是举起相机，等待它睁开眼睛，摆个 POSE，或者张开嘴打个哈欠之类的。这时，不远处有三只帽带企鹅游上岸来，它们大概也像我一样，到此来游玩。它们并没有发现象海豹虎视眈眈，我观察了许久，象海豹并没有伤害它们的意思。这三只企鹅一如既往，先是四周环视一下，然后相互之间开始打打闹闹，最后凝视着大海，又进入发呆状态。等到回过神来，开始悠闲地整理起羽毛。不多一会儿，其中两只就晃晃悠悠朝着大海走了，剩下的一只还在那里低头搔首弄姿，要不就一边用嘴玩石头。那两只悄无声息地入海远离了，企鹅一旦进入海中，可以长时间不用换气，所以一旦下水，就不见踪影。而留在岸上的企鹅猛然间抬头想起同来的伙伴们，谁知看不到它们的身影。只见它发出叫声，左呼右唤，以为会听到同伴的应答。我知道这次没戏了，肯定是找不到它们了。它慌张地往山上跑，边跑边叫，声音越来越急躁，等它又转身回来时，我的镜头突然出现了一大片白色，移开镜头猛然间看到这只企鹅的大肚子，我分明看见它乞求的目光，更是听到它哀切的惨叫。我用手指着大海的方向，用英语说到："They are there, Ocean。"企鹅以往是有点怕人的，但是这次却一点都不怕我，它心里一定清楚它知道它们在哪里。它很可怜地站在我的脚旁，真是要把我急死了，我不知怎么说它才明白。那一刻，我真希望我们能说同一种语言。后来，也不知是它绝望了，还是听懂了我的意思，它走向大海，我看到它最后不甘心地环顾了下四周，有点愤怒有点无奈地跳入大海。

我回来跟妙星和小王讲了这个故事，他们俩听后笑出了眼泪，他们说："郝老师，你的故事让我们想起了那次去企鹅岛，我们和小吴把你抛弃了，你独自一人、绝望无比的情形。"听罢他们的话，顿时我悲伤得差点流出眼泪。

As usual three penguins take a look around then play as a group. After that they gaze out to the ocean and seem to fall into a trance. A while later two of them wobble down to the ocean while the other continues to play with stones in its mouth. Suddenly that penguin realized that it was separated from the other two who were quietly ambling by the sea. It looked up but couldn't spot his two companions. The lone penguin roared with what seemed to be a bitter cry and waited for a response. The sound of its cry made me think that it had lost touch with its companions and might not see them again.

1

2

3

1
一只身上被印有标记的象海
豹，听妙星说这是开展活体
样本研究而做的，各国科学
家为此方法论争不休，看后
感觉有点不人道

2
面面相觑

3
望不尽的大海

1

2

3

1
慌张地找来找去
2
才回过神来，它们呢？
3
听不明白
4
这只企鹅在玩石头
5
它还在臭美
6
其中两位准备开溜
7
它们连招呼也没打就走了

4

5

6

7

59

地质学家赵越老师
Teacher Zhao Yue, the Geologist

赵越老师是中国地质科学院地质力学研究所的副所长、研究员，他和另外一位老师参加完美国地质学会 125 周年的南极半岛科考（除了地质学家，还有历史学家），之后作为 29 次科考队员来到长城站，时间仅仅一周左右。他们已于前天返回蓬塔，然后回国。遇到这样一位有造诣的科学家，自然要邀请其为南极大学做个讲座，为像我这样的门外汉来个高级科普。

他的报告分为四个部分：

1. 南极地质主要特征；

2. 中生代以来南极半岛—斯科舍弧的地质演化；

3. 我国东南极地质科学考察；

4. 29 次南极考察的体会和收获。

老师一开始就把大家亲切地称为队友，与大家分享他的极地考察工作。他讲述了南极洲过去的地质历史时期——冈瓦纳古陆（Gondwanaland）；讲了输给美国阿蒙森的探险家斯科特，但在地质界斯科特可是英雄。告知我们

南极分成三个地区：东南极（中山站、戴维斯站所在地）、横贯南极山脉（迈克莫多站、新西兰站）、西南极——南极半岛（长城站等）。赵老师强烈建议搞生物的科研人员，一定要去南乔治亚岛，那里的生物多样性令人称奇。报告最后赵老师展示了一位加拿大研究虎鲸的女性科学家的工作，同时介绍了虎鲸群体捕猎的捕食过程。他说据零星资料拼起来，估计在南乔治亚岛有 2 万 5 千个虎鲸家族。他同时推荐大家观看 BBC 拍摄的《冰冻星球》，可以见识虎鲸捕食的全过程。最后，进入讨论环节。万医生首先发问：我们长城站周围的石头是哪年的？估计大家都很想知道自己捡的石头是否有价值。赵老师告知站区附近的石头是 6 000 万年前喷发的火山岩。

据说，赵老师这次行程共捡了 100 公斤的石头，每天平均是 10 公斤，要从很远的地方背回来。赵老师的敬业让我想起了中国早期的地质学家李四光。

Teacher Zhao Yue is a deputy director and a research fellow at the Chinese Academy of Geological Sciences. He and another teacher participated in the 125th anniversary of the Geological Society of America's Antarctic Peninsula expedition. After the celebrations concluded they both came over to the Great Wall Station to join us as members of the 29th expedition team. Zhao Yue presented us with a report in four parts: the main characteristics of Antarctic geology; geological evolution of the arc from the Antarctic Peninsula to Nova Scotia, dating back to the Mesozoic era; the geological environment of our south-eastern base; the experiences and observations of the 29th Antarctic expedition.

1

2

3

1
从蓬塔到南极乔治王岛的
飞机上，天晴时可以清楚
看到安第斯山脉喷发的许
多火山口
2
地质科学家赵越老师在南极
大学报告中
3
研究虎鲸的女科学家，太
了不起了，据说自己会开
橡皮艇

1

岣嵘南海岸
The Rugged South Coast

前一段时间，有三个智利人总往我站跑，估摸着中午饭的时辰，他们就来了，到长城站与我们一起午餐。后来听说这几个人是自由探险者，住在南海岸山那边的一个山谷里，每次都是划着自制的小艇到这边来。他们住在简陋的小屋内，里面连电都没有。所以后来他们再来时，我总是拿出一些饼干和罐头让他们走时带着。我一直都想看看他们到底住的什么样，晚上如何挨过风雪的肆虐。许老师说他们就在山那边的南海岸。

前天，许老师约我去南海岸走走，说是不规定时间，走到哪算哪，走累了，就回来。我们沿着油罐方向走去，路上碰到小彭开小艇回来，他陪我们走了一段。

雪化了，一路上我都无法辨认出很多我曾去过的地方。路上，时常会遇到山顶上流淌的雪水，哗啦哗啦，声声作响。我迈着大步，时而快走，时而跃起，现在毕竟比雪地好走多了。

我们遇到山，如果太陡，就绕着走，从山谷盘旋而上。遇到积雪未化的地方，许老师就在前面带路，用雪地鞋磕出脚印，我再一步一步踏着脚印走。山顶并不像我们想象的那么陡峭，而是宽阔而平坦，但周边都是岣嵘岩石，远处就是蔚蓝的大海和小小的岛屿。尽管这边片海域没

有什么海豹、企鹅和贼鸥等动物，但是地衣随处可见，多处数在岩石上生根。我从山顶往海边走，发现有一个靠近我一侧的峭壁，与我所处的山体相连，我想这个地方应该是瞭望远处纳尔逊冰盖的绝佳位置。可是许老师不断大声喊着："郝老师，我可是有恐高症，我不敢过去，我可救不了你！"我哈哈大笑，答道："您可是南极老江湖了，怎么这点您也怕？"但当我真的站在那儿一望，天啊！吓死我，低头便是万丈深渊，太不可思议了。在许老师不断的督促下，我们开始折返。途中，遇到大面积未化的积雪，我干脆顺势而滑，许老师又是大叫，要我用脚控制速度，他怕我控制不住，滑到悬崖处。其实我早已学会如何在雪中控制速度和方向，只要把腿蜷起，脚落地，就能立刻停止。但是我不想让他无谓地操心，还是慢慢地顺势滑下。看着眼前的景象，岩石山体与西海岸的非常不同，陡峭的岩石山体如笋状，直插云霄。那种现场的感觉就像来到了外星球，一切充满好奇、紧张、惊喜和畏惧，用"鬼斧神工"都难以刻划眼前的情景，即便看过任何国家地理频道的纪录片，你都难以想象地球底部的未知大陆原来是这般模样。

大家还是亲自来吧，我无法用语言描述它，因为那已经超越了人类的想像。

The day before yesterday, teacher Xu asked me to accompany him on a hike along the south coast, with no set no time limit, no set destination and only to come back when we felt tired. When we came across a slope that was excessively steep we just skirted around it and wound our way through valleys. Where we came to places blanketed in snow teacher Xu would guide me by first walking ahead and then had me walk in his footsteps. On hilltops we often expected to find broad, flat and chilly landscapes. What we often found instead were jagged rock formations, the blue sea and tiny islands away in the distance.

1
令人窒息的震撼风景
2
早上 8:30 时，看到的窗外
景致
3
几百万年前的山崩地裂

昨天是实验第二阶段的最后一天，也是该阶段收集唾液和尿液的最后一天。外面风雪狂作，妙星特意跑到生活栋拿"燕窝"（这两天，其他科考队员戏称我采集的唾液样本为燕窝），然后再跑到科研栋帮助我封口，他说不能让老奶奶跑，怕大风把我吹走了。今天将开启实验用灯，07:30 我准时分别去各实验间把灯的插座插上。被试们都非常喜欢实验用灯，从光色、安装方式，都给予了极高的赞许。

今天有一艘邮轮靠岸，登岛的是外国游客和来自国内的中学生，下午大家接待了他们。小彭和妙星去智利站，一是帮助他们卸货，二是看看我们将要卸货的三个集装箱。现在大家都害怕紧张、劳累和危险并存的卸货工作。晚上，殷赞、万医生和我在一起聊天，殷赞说："郝老师，再过不到一个月，你就要走了。我们好想让你留下来越冬啊！"我说："那怎么可能？国家海洋局现在不再让女队员越冬了。"他接着说："你回去后，会不会想我们？"还没等我说，万医生抢话道："郝老师怎么会想我们呢？她忙死了，哪里还记得我们。"殷赞接着说："郝老师，你觉得哪里好？是人间好还是南极好？"我说："哪里都好，哪里都不好。或者说各有各的好。"说实话，尽管南极的饮食不够好，但除了没蔬菜和水果外，其他都是不错的，是纯粹的共产主义，生存没有问题。但我有亲人，我必须回到他们中间去；我有工作，我必须回到学校；我得参加各种不情愿开的会，我得应付各种毫无意义的事情。所以很难说，我到底是想留下来多点，还是想回去多点。与队员的感情，由于这个特殊事件，不得不说我们都变成了无话不说的亲人，今后他们肯定是我生活的一部分，永远都会住在我的心里面。我不想离开他们，尤其是这些勇敢的越冬队员，肯定让我多了一份牵挂，所以我对他们说，极夜难熬时，看看我的灯吧，温暖的光就是我对你们最不舍的思念。

Yin Zan, Dr Wan and I chatted together this evening, Yin Zan remarked: "Professor Hao, you have to go back in less than a month. We really want you to stay over winter". I treasure this particular remark because I felt that we had become a bit like close relatives, keeping no secrets from each other. I realized then that they would always be part of my life and a special place in my heart.

I did not want to leave these courageous people especially since they had to remain in Antarctica over winter. When I leave I know I will be concerned about them so I replied that they would have some new, warm lighting to brighten the imminent polar nights and that it would remind them of the good things of that particular summer time.

1

2

3

1
下午 4:00 拍摄，ISO200
2
今天的长城站
3
鲸骨

62

2013-02-03 04:53:26

冰冻星球
Frozen Planet

这几天，我花时间集中观看了英国 BBC 电视台斥巨资打造、耗时五年拍摄的纪录片《冰冻星球》，这部被称为史上最惊险的拍摄体验、最梦幻的现场瞬间、最神奇的幕后揭秘的片子，看后可以全面了解南北极。

《冰冻星球》共 7 集，实地拍摄 2 356 天，海上拍摄 1.5 年，零下 15 度以下拍摄 425 天，冰下拍摄 134 小时，最高风速 237 公里 / 小时，最低温度零下 50 度。该片被译成 13 种语言在三十几个国家播出。

这部耗资巨大的纪录片用镜头真实地展现了正在逐渐消融的地球两极，以及生活在这里的各种生物，片中种种景象让人叹为观止。英国 BBC 电视台投入了大量的人力和物力，他们用镜头淋漓尽致地展现了正在每一分每一秒地消融的地球南北两极。该节目使用了世界最尖端的空中拍摄和慢速拍摄技术，以大量极具震撼力的画面告诉人们：全球变暖对极地造成的影响，比对地球上其他地方造成的影响要来得更快更强烈。BBC 请来了 85 岁高龄的德高望重的大卫·艾登堡爵士（Sir David Attenborough）出山担纲解说，他是世界著名生物学家、

BBC 资深制作人，他那富有磁性的声音显得语重心长，他说："这可能是人类在地球气候产生剧烈变化之前欣赏这一景象的最后机会了，虽然当我们到达前数百年甚至几千年前，地球两极曾非常壮观，但最近一个世纪以来，很多变化已经超过了人们的认识。"这是智者的肺腑之言，虽然未必能够停止人类愚蠢的行为，但我们仍然愿意倾听。

如果不是来到南极，我可能不会关注南北两极以及那里的冰雪正以如此快的速度消融；不了解经过千百年进化，陆地上体型最大的食肉动物之一北极熊正面临饥饿的威胁；对素有"海上杀手"之称的虎鲸那令人惊叹的协同捕猎技巧一无所知。《冰冻星球》的拍摄者从空中、陆地、冰面、水下等多个不同的视角，向我们展现了冰冻世界的震撼与神奇，绝对不容错过。

记住，我以后只跟看过此片的人讨论南极哦！

备注：建议大家从最后一集先看起。

These days I spend lots of time watching a documentary called Frozen Planet that was made by the BBC in recent years. For me the photography and direction made for exciting viewing. Some of the scenes were extraordinary, almost unbelievable. I watched sequences on how the documentary was made as well. This documentary very cleverly presents a comprehensive account of the North and South Polar regions.

1
南极点的美国站
2
站区科考建筑
3
美国站——应该是迄今为止
最先进的科考站
4
这位科学家在美国站内靠人
工照明种植蔬菜

5
南极不允许携带外来土壤，
这里靠的是营养液
6
发芽
7
冰冻星球
8
南极冰山
9
冰树

1

2

3

4

5

6

7

1
冰川峭壁
2
虎鲸
3
两只雄性北极熊为了雌熊
搏斗
4
企鹅飞跃海洋
5
成群的飞鸟
6
北极
7
南极冰川

63

2013-02-03 07:47:04

智利卸货支援
Unloading Assistance for the Chileans

从昨天开始，长城站机械师小彭、带着现场翻译妙星和站长一起去智利费雷站帮助卸油罐货物，因为整个智利、俄罗斯站都没有吊车，他们要靠中国的吊车把油罐从船上卸到岸边，然后从岸上放置到有轮子的钢架上，拉到指定位置，然后再把油罐吊到固定的地点。整个过程非常漫长，也许没有任何时间的要求，所以智利站整个就像过年一样，各个参与现场卸货的队员非常享受。

我趁小王回来吃午饭的时候，搭上他开的车，来到卸货现场。远远望去，好不热闹。中国、智利两边的队员协同作战，有驾驶吊车的，有发口令指挥的，有拉绳子的，有拿工具袋固定的，还有专业摄像的。人群中，我还发现了一位智利女队员，跟男人们一起在油罐下面作业，真是佩服得五体投地。远处一只小企鹅吸引了我的目光，小陈告知我，它一点都不怕人，跟我们玩了好久，现在正在那里独自玩石头呢。妙星告知我，那艘沉船打捞上来了，据说是一老头的。

海风吹在身上，还是冷得打颤。但智利队员兴高采烈，利用休息间隙，还在那里跳起了大绳。听说，每次智利站卸货，都会找长城站帮忙，当然长城站也经常麻烦他们。小彭晚饭时用福建普通话憋出了一句话：这就是国际合作嘛！

Yesterday, stationmaster Yu, mechanic Xiao Peng and Miao Xing as translator, went to the Chilean Base to help unload oil. This procedure takes a very long time to complete and cannot be done in a set time. To accomplish the task people get together in an atmosphere of friendly co-operation. So going along to unload oil at the Chilean Base is like joining one big party.

1
下午的智利站区
2
卸货现场——把油罐用吊车
放在架子上
3
珍贵的资料

1

2

3

1
离长城站最近的冰盖——
Nelson 冰盖
2
好汉石
3
巾帼不让须眉

1
齐心协力
2
智利费雷站的队员
3
小彭和刘凯

64

2013-02-04 11:46:59

南极石
Antarctic Stone

我对石头没有任何兴趣，就像我对盆景和根雕没有任何兴趣一样，但总是不敢对人讲，怕讲了，扫了别人的兴，也怕别人觉得自己没文化。

我不光对石头没兴趣，对珠宝也没有兴趣，如那些水晶和玉石之类的，想想它们也不过是一块石头，只是某个元素含量很高罢了。

事实上，临行前的南极科考教育专门提到不能带任何东西回来，我记得领导说了句话："把你的足迹留下，把你的回忆带回。"但是看到别的科考队员出野外经常带些石头回来，我也忍不住去捡了一些，因为国内的朋友还是有人热衷于那些所谓的"南极石"。

小傅上月回国，他可是珍藏了很多石头，其中有一块他爱不释手的大石头，纹理、形状、颜色都非常奇特，我估计自己就算呆上一年，也很难再捡到那样特别的石头了。我记得他快要离站时，把那块他最喜欢的大石头用专用固定带绑了又绑，可以拎着一根绳子，就把大石头很稳地拿起来。他跟我说，他一定要碰碰运气，把它藏得好好的。另外，他还选了几块小石头，他的那些朋友们很想要南极石。看得出，小傅很无奈，其实他一个月里收集了一抽屉大大小小的石头，可他根本带不回那么多。除了那块大石头，他很慷慨地让我从他的收藏里

随便挑选。但我非常不好意思，只拿了两块。因为那些石头不知是他走了多少路才捡回来的，他曾经给我看过地图，从西海岸到南海岸，他几乎绕岛半周。上个月他一到北京，就通过 QQ 告知我，他终于把那块大石头带回了家。我们这些留下的队员，闻讯后个个都摩拳擦掌、壮起了胆，准备也不顾一切地勇敢尝试一次。

过了几天，不知是谁说这些石头不好，有放射性致癌物质，千万不要放在家里，尤其不要放在卧室，我懊悔地把那些原本摆在窗台暖气片上的石头全部清理了出去，偷偷地藏在了科研栋。直到地质学家赵老师来时，妙星拿着我从南海岸捡回的两块"水晶石"（其实请老师鉴定过，一点水晶含量都没有）去问是否有致癌物质，赵老师告诉他根本没有致癌物，这些石头都是上亿年的，我听后目瞪口呆，觉得这些石头倍加稀奇。我又赶紧把这一袋袋的石头从科研栋运回我的房间，怕哪天这些石头会不翼而飞（站上的明信片就经常出现这种情况，共产主义的日子，"偷"叫"拿"）。

这几天，我还在琢磨着再出去捡些回来，尽管我捡了两块大的，但是它们太重了，我不准备带回来，还是让它们永远留在南极吧。我打算捡些小而轻的、特别的带回去，因为它们是来自南极的信物。

Some team members take home stones and I felt inspired do the same. Since I have quite a lot of friends in China who are obsessed with obtaining stones from Antarctica I have decided to take some back as gifts.

1
我的战利品
2
这块石头已经有人预订了
3
这是最近捡的三块

4、5
这是我最心仪的石头，据
说那上面的东西每一百年
才长几毫米

65

2013-02-05 09:24:42

我在南极过生日
Celebrating My Birthday in Antarctica

在南极过生日，尤其是我的 50 大寿，我真的没有想过这辈子会有如此美妙的经历。

但是，由于"雪龙号"今年没有来到长城站，站上的鸡蛋越来越少，站长宣布从上个月就不再做生日蛋糕了，就送个站长签名和贺卡和一顶印有"长城站"字样的帽子。尽管我非常理解站内补给今年遇到了特殊的情况，但我还是有点小失望，我好像过生日还从来没有缺过蛋糕呢！晚饭时，朱大厨安慰我说：郝老师，明天我用现成的一个小蛋糕上面给你弄点蛋清，算作生日蛋糕，如何？我自然是心里美滋滋的，连忙感谢。

站上二月份过生日的有好几个队员，站长还说要一起过。我不管了，自己张罗自己的 50 大寿。昨晚睡不着觉时，我想了一个点子，就是在某个地方用南极石摆个"生日快乐"字样，在上海这根本就是空想，你想得到，但是做不到，哪有这么空旷这么广阔的地方，任你随便折腾？下午我和妙星一起（小王、小陈爽约了，他们累得睡过头了）按照我的设想先去选址，最后决定在长城站标记

前的直升飞机停机坪上摆石头。我和妙星就像企鹅叼石头一般来回穿梭，一趟一趟搬运。我们专门选择圆润的黑色砾石，摆出了"洛西生日快乐"的字样，最后用一块较大的石头，专门用作感叹号的最下面一点，远看真的可爱至极。我们觉得还应该有个"50"的字样，代表50岁嘛。浴室又去找来一些石头，摆出阿拉伯数字50。后来，妙星找到一块心形大石头，他兴奋地搬了过来，放在 50 下面。我们对这个杰作很是得意。

晚上，万医生送了我一个"善存"名片夹，我估计是哪个箱药里带的，我知道在南极，想送礼物是不可能的，除了雪山石头，什么也没有。所以我还是非常感动的。我约他和殷赞一起去看看我们下午的劳作，万医生看后就说，应该让小彭明天开着铲车，从高处拍照，效果一定很好。另外，他觉得字有点小，明天上午他要组织几个队员重新摆。一旁殷赞大叫起来，到我媳妇生日的那一天，我也在南极长城站摆个像郝老师这样的，给她个惊喜。瞧，真是个有心的小伙子！

Today I celebrated my fiftieth birthday in Antarctica. I never thought I would have such a wonderful experience in my life.

1
拥抱你们，爱我的人们
2
五十年，光阴荏苒，弹指一
挥间

小彭和万医生住我隔壁，殷赞因为常来找他们聊天，他们自然与我有了更多相处的时间。万医生每天都是按照自己的作息时间和工作安排日程，雷打不动。他是医院的副院长，自然说话做事有股很强的行政作风。他每天都写日记，有次他让我看了其中的一篇，竟然与我的博客写得事情差不多。我们哈哈大笑，看来在这里每个人经历的事情都差不多。他说现在越来越难写了，新鲜感快没有了。

小彭是站上的机械师，宝贝女儿才两岁，他的电脑桌面始终放着爱人的照片，是一位非常美丽的越南姑娘。他来自厦门，性格非常好，干工作从没有任何怨言。殷赞来自山东青岛，是个通讯员，负责站上所有通讯设施。他刚刚 29 岁，孩子已有一岁多，他也是克服了重重困难才来到南极的。

昨天，小彭拿了一个苹果和一个香瓜送我，说是给我的生日礼物。万医生说，这都是小彭去俄罗斯站打工挣来的。我听后非常感动，我说：咱们大家一起享用吧，这东西在南极太稀少了。之后，我们又两两拍照，我会永远珍藏他们的情和谊。

小彭下午特意开来铲车，让妙星站在车斗内给我拍照。今天风很大，气温也很低，两个人配合得非常默契。这样为我拍照，为的是把生日快乐这几个拍得更清楚。我特别害怕妙星站不稳，再乐极生悲，再就是天气太冷了，拍一会儿，妙星的手就得揣到口袋里暖和一会儿，所以我想匆匆拍完就算了。他们两人坚持要好好拍，令我不知如何是好，我要好好谢谢他们。

小王、小陈和妙星是三个参加我的实验的被试"小白鼠"。我应该与他们的父母年纪不相上下，在长城站我与他们走得最近，无话不谈。小王和小陈来自同一个单位——黑龙江测绘局，他们目前的工作已完成了五分之四。由于最近经常大雾，严重影响了他们的进度。妙星来自厦门国家海洋局第三海洋研究所，他实际上是研究海豚的。他们为了我的生日，可是没少操心，总想给我弄点好吃的，好喝的，所以只要有些什么好吃的，都不忘给我带点。生日临近，他们像耗子一样到处收集好吃的。今天特意为我在科研栋站长室搞了个"生日会"，把以前的"战利品"拿了出来：有火腿肠、苹果、花生、橘子罐头和香瓜。下午晚饭之前，妙星和小王还特意跑到智利站邮局给我寄出一张明信片，上面的图案是四只企鹅，寓意我们四个人。妙星还特意告知我谁是谁，明信片盖满了其他站的纪念章，还写了一段祝寿的话，听起来很肉麻。他们坚持要今天寄出，为的是要有 2013 年 2 月 5 日这个邮戳。我则与小陈在家谈起了他的工作和未来。感谢这三个"小白鼠"在站期间给我带来的无尽快乐。

在南极长城站过生日，的确令人难忘。站上的几个小姑娘特意给我送上了生日礼物。小郭是研一的学生，来自同济大学环境工程系，给我的礼物是她家乡常州的一个微型梳子；彭芳给我的是武汉东湖的纪念品，她是来自武汉大学的年轻副教授，曾多次参加南北极科考，真是位巾帼英雄；小曹的礼物非常特别，是她采集的地衣做成的明信片，真是太有心了，她还特意告知我这种地衣只有在乔治王岛才有。

中午吃饭时，朱大厨特意多加了一个菜，其他队员都说

1
今天中午四个菜一个汤
2
五位二月份的寿星合影
3
最珍贵的纪念

是沾了郝老师的光。厨师小周特意为我制作了蛋糕（其他队员说其实就是一个大发糕，但我觉得这就是蛋糕），他说这是他第一次做，昨晚还特意上网查了下，虽然不怎么成功，但他说这是发糕样子，蛋糕味道。我对小周说，这是我这辈子吃过的最别致的蛋糕，我会永远记住的。晚饭期间，俞勇站长将二月份过生日的其他四个队员包括他自己，借着我的 50 大寿一起过了。朱大厨特意拿出智利产白葡萄酒，让大家无限畅饮。

我的生日大都是在春节前后，往往在寒假期间，所以能有很多人给我过生日的情况不多见。而在去年，我们团队所有的研究生和博士生提前给我办了一场盛大的生日会（上海有个说法，就是过九不过十），下午唱歌，晚上吃饭，先生也特意从香港赶来，非常热闹。今年在我 50 大寿之际，站上除我之外，共有 31 人陪伴我度过这个特殊的、有历史意义的生日。我从张副站长那里要了一个带有长城字样的 A4 信纸，打印出"郝洛西于 2013 年 2 月 5 日在南极长城站度过五十岁生日，谨此纪念"，然后请所有在站队员签上了他们的名字，我想这应该是我最为特别的生日纪念物了。

Yesterday Xiao Peng gave me an apple and a muskmelon as a birthday gift. Dr Wang told me that Xiao Peng had done some work at the Russian base and earned the fruits for me. I was deeply moved and decided to share the fruit because it is a rare treat in Antarctica. With the fruit shared out, we took photos. I will cherish those images, as they will remind me forever of the friendship and companionship I found at the Antarctic base.

This afternoon Xiao Peng drove a forklift truck and Miao Xing standing in the tray of the truck above ground level, took photos for me. Because it was a day of strong winds and low temperatures the photos turned out well. Their idea to take photos from above ground level resulted in some very clear images.

To prepare for my birthday celebration, the team made a special effort. As part of their plans for some delicious food, every time they went out they never missed a chance to bring back some much-needed fresh food. Today there will be a special party for me in the stationmaster's quarters.

Having a birthday party in Antarctica is a once in a lifetime experience. The women at the base have prepared some gifts for me, such as writing paper on which they had had printed: Hao Luoxi celebratds her 50th birthday at the Great Wall Antarctic Station on February 5th, 2013. The whole team signed a card and I think it is the most treasured gift I have ever received.

67

2013-02-06 10:08:07

生日感言
Birthday Messages

这两天我不但收到了亲人们的祝福，也收到了一帮朋友们的祝福，更收到了团队老师学生的祝福，尤其在遥远的地球之端，令我非常感动。如果我能活到一百岁，以今天为标志点，那么岁月已经过半。每个人都会在生日里感恩、感怀、感激、感谢、感动和感叹，蹉跎岁月都改变不了我们对美好生活的向往，历经磨难都改变不了朋友之间的浓浓情谊。我是一个恋旧的人，也是一个珍惜友情的人，所以我会把你们对我的爱永远埋在心底里，化为我生活和工作的正能量。谢谢我的亲人、朋友、老师和同学，让我们笑脸迎太阳，直到永远！

备注：大家记住了我的生日，不管你们采取什么方式，都比我做得好。我知道我需要利用 QQ 或手机，用心记住大家的生日。接下来回到国内，第一件事就是收集每位的生日，我也要在你们生日的时候，力争第一时间送去祝福。

Over the past two days I have not only received congratulations from my relatives but from friends too, even teachers and students.

It all touched me very deeply, especially since I am in a remote location.

1
蹉跎岁月后的感恩于满足
2
五十岁在南极

68

2013-02-07 10:11:08

碧玉滩上的诺亚方舟
Noah's Ark on Jasper Beach

碧玉滩一直都是我心驰神往的地方，曾听很多队员提起，那里不光风景独特，还因为那里有个长城站建的避难所，从而吸引了众多队友前往。

今天早晨起来，外面是一个难得的好天气，大部分队员都出野外了。我叫醒睡梦中的妙星，拿了几包饼干和热水，就一起上路了。前半程一路都是蓝天碧海，但是突然间就起雾了，天气阴沉沉的。妙星说如果郝老师走不动，咱们就打道回府。其实我知道他是因为天气没了拍摄的兴趣。但是他又觉得我快离开了，很想陪我去看看他一直强力推荐的地方。我们决定不管什么天气，都不回头了。

一路上翻山越岭，多次陷入雪地。但是还是比他们当初去的路好走多了。我不断问着妙星还有多远，好几次我都想放弃了，但是他一直饶有兴趣地介绍着各种景点，如柯林斯冰盖、纳尔逊冰盖、捷克人的探险者之屋、小傅工作的地点等。路上又碰到了捷克人划着简陋的橡皮艇，以及韩国人乘坐的小艇，我们在山上向他们远远挥手打招呼，他们也拼命向我们挥手，在这里见到人实在不容易。

不知翻了几座山，趟过了多少滩地，越过了多少巨石，总算看见了传说中的避难所。

避难所不愧为碧玉滩中的诺亚方舟。该避难所是中国第25次科考队的长城站队员利用废弃的地震观测站屋改建的，用两辆雪地车才拖到此地，这个迷你小屋如今吸引了很多造访者，据说捷克人来的最多。房子内有一个上下铺的床，一张桌子和椅子，放有方便面、饼干等食品，还有酒精和汽油。我和妙星还利用酒精炉煮了方便面，在这无人的酷寒地带，能吃上一碗热面，都让人觉得宛在天堂。在南极，有很多国家的科考站都建有这样的避难所，主要是为遇到天气突变的各国队员提供避难场所，可以在危险时刻生存下来。墙上挂着鲜艳的五星红旗和25次科考队队旗，还有一个专门的签字本，我分别在上面都签了字，有种探险勇士到此的感觉。在此，我非常感谢25次队的队员，为南极科考的人类作出的贡献。

Jasper Beach is always a place I long to visit again and it seems that many other team members feel the same way about the place. This unique and appealing landscape is a drawcard landscape because it is a place of natural refuge and very close to the Great Wall Station.

1
长城站区油罐处晴朗的上午
2
大海
3
岩石

1

2

1
色彩
2
大片贝壳
3
乔治王岛的独特地衣
4
海鸟叼海贝吃，这是吃剩的
贝壳
5
威德尔海豹
6
招人喜爱
7
避难所
8
煮碗面，剩下的火用来烤烤
冰冷的脚

3

4

5

6

7

8

69

李克强慰问我国极地大洋科考队员和海监工作人员

Li Ke Qiang Conveys His Regards to Members of the National Polar Oceanic Expedition and China's Maritime Surveillance Staff

昨晚凌晨两点,生活栋的铃声响起,大家穿好衣服,迅速在科研栋集合,各就各位,与北京海洋局、雪龙号大洋队、中山站视频连线,当晚李克强副总理亲切慰问了大家。之前的一船两站演练,长城站曾经掉线,大家顿时急成一团。所以昨晚,我们的表情都非常僵硬,总是害怕再掉线,直到早晨四点钟(只有长城站是半夜,其余连线地点都是白天),连线结束,我们才疯狂地大喊大叫。回到生活栋,很多人都吃了泡面才睡,我一觉睡到了中午十二点。

春节将至,中共中央政治局常委、国务院副总理李克强今天来到国家海洋局,通过卫星视频连线,向正在极地和大洋执行任务的科考队员致以节日问候和新春祝福,看望在京队员和队员家属的代表,并慰问海监工作人员。科考队员家属向他赠送了远方带来的企鹅模型,李克强说:"新春佳节是万家团圆的日子,而你们与亲人天各一方,你们的支持与付出是海洋事业的坚强后盾。"

通过海事卫星,李克强与南极的雪龙船、长城站和中山站进行视频连线。他仔细了解南极科考开展情况,关心队员们的业余生活和节日安排。他说:"你们奋战在冰雪极地和远洋风浪中,祖国和亲人十分惦记你们。我代表党中央、国务院向你们致以节日祝福和诚挚问候!"

李克强还说:"每年我们都来给大家送上新春的祝福,这是第五次了,每次来都感受到我国海洋事业、海监工作有新发展、新气象。特别是近年来海洋科考取得了骄人成绩。在极地,我们建立了海拔最高的具有重大科学

价值的南极昆仑站,成功由北极高纬度航线穿越北冰洋;在深海,载人深潜突破了7 000米大关;在大洋,我们获得了两块国际海底专属矿区。这些成绩的取得,体现了国家综合国力的增强,体现了广大海洋工作者敢于攻坚克难、善于开拓创新的精神。"

"海洋对人类的生存发展至关重要。我国是海洋大国,有辽阔的海域,必须高度重视海洋战略。海洋既是能源、资源的巨大宝库,也是地球生态的重要组成部分。我们建设海洋强国,是建设现代化国家的必然要求。要合理开发利用海洋资源,加强海洋生态环境保护,促进蓝色经济持续健康发展。海纳百川,包容万物。"

李克强接着强调:"走向海洋要倡导合作互利的原则,各国只有协调行动、共同开发,才能实现多赢目标。我们要以更加积极开放的姿态,参与和推动国际交流,在海洋科技、海洋环境、防灾减灾和极地事务等领域加强合作,努力使广阔海洋真正成为和平之海、合作之海,既连接彼此,更造福人类。"

李克强考察了国家海域动态监视监测管理系统,通过大屏幕观看了全国主要海域使用情况。他强调:"对我国所辖海域进行监管,是海监工作的主要职责,要科学整合海上执法力量,强化综合执法。希望你们牢记使命,坚决维护国家海洋权益,守护好我们的每一片海域,规范海域开发使用,在和平合作发展中走向深海、走向大洋、走向极地,实现海洋事业的更大发展。"

At 2AM this morning bells were ringing in the communal living quarters. Everyone got dressed and quickly gathered in an orderly fashion in the scientific research area. A video connection had been established between the State Oceanic Administration Unit of Beijing, the Snow Dragon Ocean Team and Zhongshan Base. At this morning session Vice Premier, Li Ke Qiang, conveyed his regards to all of us in Antarctica.

Spring Festival is around the corner. Li Ke Qiang, who is a member of the Politburo Standing Committee of the CPC Central Committee and the Vice-Premier of the State Council, had "visited" us that day. Using a satellite video connection he sent us. that is to say, we who do the ground-based work in the polar region, festival greetings and New Year wishes. Simultaneously he "visited" expedition members and their families in Beijing and conveyed his regards to China's Maritime Surveillance staff.

1

2

3

1
阳光下的长城站
2
视频截图，右一是我，右二
是副站长，右三是站长
3
我在国旗下

70

2013-02-11 11:17:36

费尔德斯半岛的中国新年
Chinese New Year on Fernandez Peninsula

在南极迎新年，长城站都会把费尔德斯半岛的外站队员邀请过来。站长提前半个月就开始发邀请函，来参加联欢会的大约有 60 多位外站队员，分别来自智利海军站、空军站、Inach 南极研究院、智利南极马尔什机场、乌拉圭站、阿根廷站、俄罗斯站等，韩国站由于春节与我们同日而缺席，加上我们 3 位在站队员，共计 100 多人，好不热闹！

副站长带着年轻的队员提前半个月就开始排练节目，有舞狮子、唱歌、中国功夫、兔子舞等，期间还穿插了中国特有的抽奖环节，我竟然第一个中奖，当然是三等奖，领到了一套南极明信片。二等奖是长城站领带，一等奖是印有长城站 Logo 的上海牌手表。

前一天，我就带着三位年轻队员，开始布置联欢会现场，风格是中西合璧的。我还提前把菜谱翻译成英文打印出来，摆在每道菜前面。联欢会当天我和许老师当起了接待，主要负责迎宾和张罗倒酒，我们准备了白葡萄酒、上海老黄酒、饮料、茶和咖啡，但是很遗憾我们没有红葡萄酒和可乐，这些都是外国队员喜欢的饮品，自然也是中国队员喜爱的，所以提前消耗完了。站长指示把外站带来的三瓶红葡萄酒打开，不一会儿就喝完了。我和许老师只好向很多外站队员推荐我们的黄酒，没想到他们觉得特别好喝，还提出是否能买两瓶。结果我们就自作主张送给他们了，反正这里实行的是"共产主义"。

联欢会特意选择在长城站时间上午十一点开始，为的是与国内迎新年保持同步，大家一直狂欢到 19:00 才结束。我遇到了好多熟人，如一起乘军用飞机来到乔治王岛的智利南极研究院的科学家、乌拉圭唯一一位在站女队员（她将在五月回国）、智利机场的通讯技术人员，包括一起打排球的智利海军队员，他们见面总喊我"Teacher"，大家相见如故。

长城站与中山站、昆仑站、黄河站相比，与一些外国科考站相邻，而且智利军用飞机经常往来，又靠近阿根廷 Ushuaia，相对来说是最不寂寞的站。各站的站庆、交接仪式、新站长上任、重要节日等，都免不了经常互相邀请，所以常常相互走动。再遇上繁重的卸货工作，大家总是互相帮忙，所以经常会相聚在一起。所以，不管在长城站度夏还是越冬，应该说是中国三个站中见人最多、活动最多、出访最多的站。中国新年在全世界都是闻名遐迩的重大节日，各站都是翘首期盼，希望借此热闹一下，也想见识一下中国那浓浓的年味儿。我想，今年南极的中国年不仅对我，对整个费尔德斯半岛的其他外站队员来说都是一个不寻常的经历，我们可是在南极闹新春！

To usher in the New Year in Antarctica, the Great Wall team invited people from foreign bases on the Fernandez Peninsula to join us. The head of our station started to send out invitations two weeks in advance. The guests joining the New Year party included over 60 foreigners who came from the Chilean Navy & Air Force Base, the Chilean Antarctic Institute (INACH), the Chilean Antarctic TRM Airport and the Uruguayan, Argentinean and Russian bases respectively. People from the South Korean base could not make it as they were celebrating Spring Festival on the same day. It was a great party with more than 100 people, including the 32 at our base.

1

2

3

4

1
一起狂欢的兔子舞
2
智利空军飞行员一家
3
卖力演唱
4
英国 BBC 美女记者，一个
人单打独斗

71

不幸的事还是发生了
An Unfortunate Incident

长城站的大年初二早上（中国大年初二晚上），机械师小彭在操作吊车卸货时，不幸发生在了他身上，大腿粉碎性旋转骨折。

可能国内的人一直不解，为什么在南极卸货总是那么紧张？主要是因为大型物资都是海上运输，南极天气变化多端，潮汐变化等各种环境条件都直接会影响到船舶的停靠。船舶不能直接停靠码头，一般是停在大洋中尽量靠近卸货的码头，由小艇接应，再由停在码头的吊车从小艇吊起，再卸货到岸上。整个过程十分艰辛，各站均如此，所以常常处于高度戒备状态。再者，卸货的时间是自己掌握不了的，一要看船长整个卸货安排，二要看天气。所以基本上大家都是处于等候状态，经常发生接到通知的时间又被各种原因改变了。所以，大家都非常明白，南极没有任何确切的时间，一切都在变化中。

初二一大早，小彭等几人在副站长的带领下，清晨出发帮助智利空军站卸货。由于这次我们有三个集装箱，智利海军站有一个，所以船长选择距离长城站最近的长城湾卸货。但是就在吊起智利的油罐时，吊车顷刻间偏斜近乎 30°，小彭出于本能选择了跳车，吊车控制台离地面也就一米多高，但是灾难发生了，他没有站起来，顿时面部表情极度痛苦，部分队员还没有意识到，以为是轻伤。当时万医生刚好在现场用摄像机记录卸货过程，他一看觉得不对，马上叫大家找门板把小彭抬到车库，用纱布固定他的腿。之后小彭的腿就逐渐变形、缩短，他疼得大声喊叫。

我当时在房间里，是小王直接冲到我房间里，急促喊道：

郝老师，小彭在码头受伤了。我立即拿了工作服冲到现场，看到小彭非常痛苦地躺在门板上，智利站长和部分队员都在，我们的俞勇站长和张国强副站长均在现场。由于风大气温低，我又返回到小彭房间拿了他的抓绒衫和工作服。这时，智利站一辆卡车开过来，我们六个队员上车后把小彭放在自己的腿上，护送他紧急到智利站医院。智利站两位医生在他们站长的指挥下，先迅速固定受伤大腿，马上输液，注射些营养液和止疼的药，并拍了三张片子，确诊为旋转型的粉碎性骨折，即刻告知中方站长需送到蓬塔动手术。站长马上联系机场，告知当晚有一架韩国站的包机要飞抵南极，第二天有三架旅游飞机，可是一直等到下午六点，因为天气原因，蓬塔的飞机无法起飞，航班全都取消。这时，站长向国家海洋局、极地中心、29 次科考队曲领队、海洋局驻圣地亚哥办事处通报此事，国家海洋局书记指示，不惜一切代价包机尽快将小彭送到蓬塔手术。接下来就是联系协调工作，终于在晚上九点多确认智利 DAP 公司包机第二天上午 8:00 从蓬塔起飞，10:40 将飞抵南极智利空军马尔什机场。

晚上妙星和小陈看护小彭，我和小王开车来回奔波于长城站与智利站间，帮助收拾小彭的行李，并担任现场翻译工作。小彭担心大小便不方便，所以不愿吃饭喝水。在我们极力劝说下，他终于在晚上吃了点东西。智利站送来了面包、三明治、意大利面、饼干、糖果、饮料。晚上一位医生留下值班，为小彭减轻痛苦。晚间，我带来一部铱星电话，小彭与他太太通了电话。我们本来劝小彭不要告知家里，因为现在正在过年，怕家里人担心，因为家里人到不了现场，怕会更加着急。但是小彭考虑到他的亲人总是打电话到房间，或者通过 QQ 联系，几

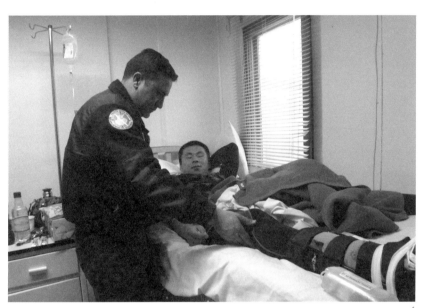

1
医生检查
2
打石膏
3
亲切的医生让人放心很多

天联系不上肯定会着急担心。另外，遇到这种情况海洋局极地办都会第一时间通知单位和家属，实在无法瞒过，我们只好同意，但小彭打算只是告知太太脚扭伤。通话结束后，我问小彭如何，小彭说尽管他一再跟太太强调没事，不用担心等，但他太太还是起了疑心，问道：小毛病为什么在医院？小彭告知我，他准备在蓬塔动完手术，再将真实情况告知家里。

今天一早，风雪交加，我们很多队员都赶到智利站医院，在那里等候将送小彭到机场。接到飞机落地后的信息，医生立即为小彭打了石膏固定，DAP 公司的 Aleihun 老先生亲自驾驶他们的大车，直接将小彭送到飞机跟前。由于是小飞机，空间很小，运送中小彭疼得直叫，大家更加小心翼翼。因为他断裂的骨头扎肉，肯定疼痛无比。这次护送小彭到蓬塔有两名队员：医生和小姚。机场风大得像刀子，打在脸上都是疼的。

从昨天到今天，小彭一直都很坚强乐观。但是他也一直说非常遗憾，一来给大家添麻烦了，二是他没有去任何地方玩，他总认为自己还有很多时间，因为他是越冬队员。本来我们说好大年初二一起去企鹅岛看看，但是由于卸货而没有去成，没想到可能就此遗憾终生。他昨晚掉了眼泪，我猜想他心里一定难受至极，心中的感情五味杂陈。

今天在机场，听说他把着机舱门又哭了，非常不愿意就这样离开南极，他以这种方式突然结束自己的南极之行，令人难过。我在医院一直开导他，妙星、小陈、小王在一边开着玩笑，一边给他介绍游戏玩法。我们使尽了浑身解数，想缓解他的情绪。他一直说脚后跟疼痛难忍，我们不断叫医生调整。医生用手指摸他的脚趾头，他有感觉，说明神经末梢暂时没有问题。但他一直问我脚后跟是否有什么问题，真是苦了小彭。

小彭性格很好，有一个幸福的家庭，美丽的妻子和女儿。这次他来南极是下了好大的决心，本来他想度夏，后来还是从心理上做好了越冬的准备。临走俞勇站长送了他一块印有长城站标记的手表和签有第一、二批队员名字的小队旗。他在蓬塔接收手术后，停留一周后，将飞回国内休养，不再返回长城站，真的就与第 29 次南极科考说再见了。

备注：中国人总是逃脱不了"乐极生悲"的魔咒。本来长城站的新年联欢会举办得非常成功，可没想到碰到如此不走运的事。小彭事后告知我，他一早起来就感觉不好，他一米八的个子，从一米多高蹦下来，就把自己摔成这样，他想了一晚上都想不通。他还说：对不起，郝老师，实验一下少了两名被试队员。我安慰他说，还有四名被试在啊，让他放心。中午我们从机场回来，又遇见韩国政府代表团、智利站卸货队员在我站避风，韩国站的小艇由于风大不能回去，智利站等待天气好转，继续卸货，全部在长城站吃午饭休息。饭后，许老师对我说：你还得把实验进行到底啊。我说：当然，发生的一切，虽说意外，但都在必须面对的现实中，因为这就是南极！

On the morning of the second day of Spring Festival, outside our base, a tragic accident occurred. The machinist, Xiao Peng fell while he was operating an unloading crane. His injury was a rotating fracture of the thigh.

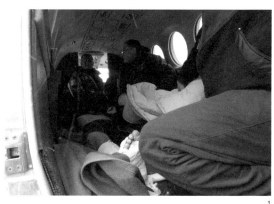

1
小彭被送上飞机
2
车子直接开到了飞机跑道上
3
最小的那架飞机是送小彭的
包机
4
秘鲁总统包机，总统昨日到
达南极视察

以下是第 29 次队长城站 QQ 群的留言

万文犁 (165201****) 7:13:12
各位队友，你们好。我们下午 3：30 顺利落地。4：00
到达医院。6：00 顺利办好住院手续。病房为单间，设
施齐全，环境很好。计划明天晚上或后天做手术。目前
小彭病情稳定，精神状态良好。对大家给予的帮助他数
次流泪。同时我也要感谢大家，没有你们，这前前后后
的一切没有这么顺利。我们还是住在原先那个旅店。医
院座落在我们去过的大超市附近。有点远。

俞勇 (12499****) 7:14:11
辛苦，万医生。

俞勇 (12499****) 7:22:02
请及时通报进展情况。

殷赞 (27205****) 7:41:57
好的。万医生。

刘凯 (61793****) 7:54:49
这上上飞机，这么折腾，情况如何啊？

张国强 (26190****) 10:49:06
祝愿早日康复！

郝洛西 (180595****) 11:11:00
我们大家一起为小彭祈福，愿手术顺利。加油，小彭！

周学勇 (12548****) 11:13:26
祈祷他早日康复！

刘虓 (107215****) 17:59:33
小彭加油！

姚轶锋 (2164****) 7:31:50
刘凯师傅在吗？万医生问过小彭了，防滑链在轮胎的正
面（轮胎与地接触的面）有数处扣子，你找找看。
各位队友，小彭的手术正在进行中，约北京时间 8:00 出
来，有消息我们及时通知大家。

刘志刚 (9913****) 7:33:14
辛苦你们了，祝福小彭吧！

刘凯 (61793****) 7:37:50
你俩也累坏了吧，照顾小彭的同时也要照顾好自己。

张国强 (26190****) 8:15:48
小姚，你在蓬塔还要待多久？

姚轶锋 (2164****) 8:28:13
至少一个星期吧。

姚轶锋 (2164****) 8:28:42
小彭的手术做完了，但人还没有出来，我和万医生在手
术室外等候。

张国强 (26190****) 8:28:50
辛苦了，你师姐问你好？

姚轶锋 (2164****) 8:29:04
应该的，谢谢！

张国强 (26190****) 8:29:34

手术是一次性的还是要做几次？

姚轶锋 (2164****) 8:30:02
目前不知道，病人还未出来。

张国强 (26190****) 8:30:53
医院环境好吗？

姚轶锋 (2164****) 8:31:09
很好。

张国强 (26190****) 8:31:33
护理怎样？

张国强 (26190****) 8:31:42
需要陪夜吗？

姚轶锋 (2164****) 8:32:13
我们护理得很好，小彭很满意，我俩都在医院陪夜。

张国强 (26190****) 8:33:17
陪病人比工作还累，理解你们，万医生这次做的很出色。

殷赞 (27205****) 8:34:27

小彭做完手术后，什么情况给站长打个电话或我们给你们打。谢谢，殷赞。

姚轶锋 (2164****) 8:49:03
各位队友，大家好！小彭的手术做完了，很成功，不过目前还在麻醉清醒室，要在这待一个小时。

郝洛西 (180595****) 8:49:12
你们辛苦了，照顾好自己！

李安邦 (86324****) 8:49:18
祝福彭师傅康复！

殷赞 (27205****) 8:49:44
恩。成功就好。

郝洛西 (180595****) 8:50:50
告知小彭，大家非常惦念他的伤情和手术情况，好好养伤。

姚轶锋 (2164****) 8:51:23
好的，我就在小彭旁边，一定转告他。

姚轶锋 (2164****) 8:55:55
谢谢大家的关心，小彭表示感谢！

Following are messages and responses received at the 29th Great Wall Base:

Wan Fangli 7:13:12
"Greetings everyone. We landed successfully at 3:30 PM and arrived at the hospital at 4:00PM. Managed to check into the hospital at 6:00PM. The room is private, well equipped and comfortable. The operation is scheduled for tomorrow evening or the day after. Xiao Peng is currently physically stable and he is mentally OK as well. He appreciated everyone's genuine concern, so much so that tears ran down his face several times. In the meantime I am grateful to you all. Things would not have gone so well without your assistance."

Zhang Guoqiang 10:49:06
I wish you a good and speedy recovery!

Hao Luoxi 11:11:00
We are all praying for your recovery and hope that the operation is successful. All the best Xiao Peng.

Zhou Xueyong 11:13:26
I pray for your quick recovery!

Liu Xiao 17:59:33
Stay strong Xiao Peng!

2013-02-16 09:03:18

你好，祖国亲人
Hello to My Family and My Homeland

虽然现在只有四个被试，但是我们的实验照常继续，今晨 7:30 我们就开始采集被试晨尿和唾液，关照被试插拔一次实验用灯。有的队员跟我开玩笑说："郝老师，你的被试'非死即伤'，就剩下三个'小白鼠'和一只'老白鼠'了。"真是没有话讲了，哪壶不开提哪壶！昨天我与妙星去玛瑙滩，大概由于拍照没有在意，把手指关节冻伤了，晚上小郭拿了一瓶正红花油给我，关照我涂抹，好细心的女孩子！

今天一天天气都不太好，昨夜风大，上午虽有减弱，但阴雨绵绵。下午 2:00 多，邮轮上一百多位中国游客分四批乘小艇造访长城站，我临时充当起了兼职售货员（原来是万医生，他现在蓬塔陪伴伤员小彭）。游客们来自五湖四海，北京的游客带来了小朋友们的南极儿童画，有个台湾游客给了我一些西红柿干，还有人送给我们一只毛绒考拉，领队送给我们一些蔬菜（这是我们最需要的），还有两条香烟、花生和小核桃。真是太谢谢这些来自祖国的游客了。参观完长城站设施，最后是在生活栋休息室购买长城站纪念品及盖章，并随意喝些咖啡、茶水和饮料。游客们都非常好奇、兴奋，滔滔不绝地问这问那。他们特别热情地说，"你们应该早说啊，我们

船上还有些吃的，应该给你们再多带点啊。"

有位游客来自中国铁路文工团，是蒙古族，还专门把自己的歌拷贝到我们休息室的电脑里，说让我们有空时欣赏。还有个大汉说他要在长城站"裸奔"，让新闻记者摄像见证。真是五花八门，无奇不有。大家选购最多的就是南极纪念证，把游客的名字写上，盖上长城站的印章。再者就是 29 次队的首日封和小企鹅毛绒玩具，当然上海牌的南极科考手表也很畅销。中国游客最喜欢购买具有标志性意义的纪念品。但是总体来说，极地站区的纪念品还需要好好设计，类别和质量都有待提高。一位游客说你们不应收美金，应该全部使用人民币。另一位游客说：你们卖得太便宜了，我们在外国站区都花了三万多美金购买纪念品。所以，如何把科考和旅游结合起来，策划好站区科普活动，也是可以动动脑筋的。总之，我们中国游客就是喜欢购物，但中国商品到哪里都是差一口气，根本满足不了中国游客的"不差钱"。

最后，站长招呼大家来到一号栋前集体合影，歌唱家带领大家唱起"草原上升起不落的太阳"。然后大家依依不舍地高声话别。

At about 2 PM this afternoon more than one hundred Chinese tourists arrived in four boats from a cruise ship to visit the Great Wall Station. I was put in charge of selling some items to the tourists and generally looking after them. They came from all parts of China. Some Beijing tourists bought some children's paintings of the South Pole. One Taiwanese tourist gave me some dried tomatoes and a fluffy koala and the tour manager gave us vegetables, cigarettes peanuts and small walnuts. We were all grateful for this visit from home.

1

2

3

1
祖国亲人的问候
2
站长接受新闻记者采访
3
许老师在码头迎接游客

南极情结
An Antarctic Love Knot

还有整整十天，我就要离开长城站踏上回国的旅程了。其实，站上也并不是我原先想象的一团和气，毕竟是人嘛，总还是各自有各自的想法，各自有各自的脾气。但总体来说，大家还是能够做到互相谦让，以和为贵。就像张副站长所说，等到真的要离开了，还是舍不得这些队员，毕竟人多热闹。更何况是在南极这个特殊的地方，大家相处了这么长时间，友情就是这样建立起来的。

下午我还是托妙星陪我再去捡些石头。这里什么都没有卖，想想回去能带些什么礼物，只有自己动手，去收集些南极石。我捡石头的原则是：①小——否则太重；②带有南极的烙印——最好有地衣或苔藓；③有美感——有色彩和纹路的特点；④扁平——考虑摆放，还可以减轻重量。大石头真的带不回去了，只能看照片欣赏了。我在玛瑙滩还捡了些小片的石头，我觉得是水晶，但专业人士说是石英。不管是什么成分，总之它们来自南极。

由于下雨湿滑，下午一出门，我就在油罐处摔了一跤。所幸穿得厚，但手掌还是红肿了，有点疼痛。我看到一篇曾经在长城站呆过的队员博客，说在南极呆过的人多多少少都会留有一些后遗症，如动作迟缓，不拿钱当钱，重新认识自己的亲人等。还有就是习惯拥抱和亲吻。乔治王岛共八个考察站，除了中国和韩国，其他站都是这样的见面礼式，热情的拉美风吹遍乔治王岛，我们则假装见怪不怪。第二个后遗症就是对青菜、水果无法控制的"贪婪"。现在大家都是火眼金睛，遇到水果蔬菜个个都是身手敏捷。我想当我们离开南极回到人类社会时，我最不想吃的就是饼干、罐头、方便面、鸡蛋和各种肉类；最想吃的就是蔬菜和水果。他在博客中提到的第三个后遗症，就是在所有快乐的时光里，会猛然想起南极的岁月，想起南极的艰苦与寂寞，"想起还在那儿坚守岗位的战友们，而且每次想起心中就有泪，无法抑制。对于我来说，那儿的战友已不是一个个的个体，而是一个群落，一种象征，一种令我感动的精神"。这就是"南极情结"。当然拥有这样的情结，是我们一生的幸运。我特别认同他博客中提到的第四个后遗症，就是淡薄了以往重视的许多生活内容。他说，"我觉得，从今往后，一切打击都不能伤到我的内心，一切无聊的谣言都不能让我激愤，一切名利都不会让我得意忘形，一切纠葛都不会让我觉得无法释怀，一切靠权力支撑的权威都会让我觉得可笑，一切缺乏公益心的人都不会得到我的尊重。我更加坚定我过去十多年所坚持的东西：相信善，相信美，相信爱，相信善恶有报，相信正义终究会战胜邪恶，相信每一个追求的过程都是美丽的，相信一切善良都是美好的，相信发自内心的真诚终是会打动人的，相信自然是不可战胜的，相信天道有衡，相信所有生命都是平等的，相信一切努力终将获得回报，相信很多东西比金钱重要"。

In ten days time I will leave on my return journey from the Great Wall Base. I will remember every individual team member as part of a spiritual community that has affected me deeply. This is my own "Antarctic love knot". To possess such a love knot is a real honour.

1
"八仙过海"油罐

2
中国南极考察队专用集装箱

我不知是哪天曾经许诺要给三只"小白鼠"烙饼，昨天吃完晚饭，小陈又在嚷嚷：郝老师，都快走了，我们还没吃上你的烙饼，难道还要让我们都跑到上海去吃吗？想想也真没几天了，我决定豁出去了，因为我从没有独立烙过饼。

我按照父亲在我小时候给我做烙饼的方法：用冷水搅拌面粉，切些洋葱（只有这种蔬菜，本来可以加些萝卜丝或其他蔬菜），放了几个鸡蛋（不敢多放，这些还是让小陈偷偷拿来），碰巧另一位厨师小周还在，他告诉我还有一个电饼锅，现在烙饼真是太方便了，都进入电气化时代了。

好长时间不做饭，头回盐放多了，第一、第二张饼咸的根本吃不成。我们马上加水、面，又拌了点脱水的香菜，再悄悄加了两个鸡蛋（多放鸡蛋，有些犯罪感，正值站上鸡蛋紧缺），最后加了些胡椒粉，第三张、第四张、第五张烙饼都相当成功。小陈平时最不爱帮厨，这次我让他干什么，他就乖乖地干，因为他太馋了，太想吃了，其实他是福建人，应该对北方的面食不感兴趣，一定是单调的饭菜让他吃厌了。

电饼锅太方便了，从100度可以调到300度，火候可以随意调节，中国人原来辛苦的烙饼方式现在也可以变得非常轻松。我和小王忙活着，妙星全程摄像记录了烙饼的过程，小陈就只顾不停地吃。他吃得饱饱的，还用纸杯带回了一张饼，说第二天当早点。妙星今天中午告知我，他带回的那张饼昨晚睡觉前就进肚子了。

民以食为天。尽管我对中餐抱有偏见，主要是做起来麻烦，而且油多，营养不佳，但是多日不吃还是想念。我喜欢做西餐，其实做起来也很麻烦，但是杯杯碟碟，一道一道，有情有调。再点上蜡烛，烛光晚宴就开始了。餐前小点佐上橄榄和芝士，喝着自制的鸡尾酒。学生们曾经到我家吃过我的意大利面，算算材料加上酒水，一点也不比外面便宜。餐后，我还会给他们吃些水果，要切好放在精致的小盘里，浇上些巧克力酱，煞是养眼。吃饭只是填饱肚子，这是最初级的要求，我们不要让吃饭仅仅停留在饕餮之宴上，更应该变成一种生活的主张和享受。

I forgot which day I had promised to make pancakes for the "three rats ". And last night after supper Xiao Chen said again: "Dr Hao, you will soon be leaving but you still haven't cooked any pancakes for us. When have you decided to make them for us?" With only a few days remaining I decided to do it (even though I have never made pancakes before).

1

2

3

1
第一张超级咸的饼，没法吃
2
加入鸡蛋等配料后，拌面粉
3
重新加水和面后，这次口味
正好

2013-02-21 09:19:35

长城站站庆
Great Wall Celebrates

1984 年 11 月 20 日，我国派出 591 人组成的南极考察队，乘坐"向阳红 10 号"考察船首次赴南极建站与考察，开启了中国人南极探险的旅程。1985 年 2 月 20 号，也就是 28 年前的今天，中国在南极建立起第一个科学考察站——长城站。

刚刚过完春节，所以长城站站庆对各站参加站庆的队员作了限制，大约每站来四个队员，但是据我观察，有些站远不止四个队员，反正大家觉得站庆一定有好吃的，尤其是中国美食。

中午约 12 点钟，站庆正式开始了，首先由俞勇站长致欢迎词，他简单回顾了长城站建站的历史与发展，并感谢周边其他国外站的热情帮助。今天周边站都来了，有智利海军站、空军站、Inach 南极研究院、马尔什机场、阿根廷站、韩国世宗站、乌拉圭站、俄罗斯站都派来了代表。智利海军站的厨师 Budo 还制作了一个漂亮的蛋糕。我站准备了 12 道菜，基本是春节的翻版。酒水、饮料、咖啡、茶一应俱全。

今天我又见到了一些老朋友（在这里，大家都会成为老朋友，因为隔三差五就会见面），但最亲切的还是智利海军站医院的医生，他就是为小彭诊治的那个学究型医生。他向我询问了小彭的伤情。我代表小彭感谢他的及时处理和热情帮助。

大家吃完饭，还伴着热烈的南美音乐，跳起了舞。有位韩国女队员，被中国队员邀请喝起了中国的"二锅头"。她已经是第四次来到南极了。韩国站的厨师是一位可爱的大男孩儿，他还示范起了"江南 Style"，但是他只做了几个动作。大家猜想他可能要在两天后的韩国站站庆上一展舞姿。

临走时，阿根廷站站长提出要些啤酒和吃的，因为他们的补给没有跟上，已经"弹尽粮绝"了，为此站庆都没有举行。其他站的队员见此也都纷纷提出能否拿点中国黄酒或长城葡萄酒，我们一并满足了。中国人就是如此好客，尽管吃，尽管拿，不够还有。

On November 20, 1984, China sent a 591 strong expedition team to the Antarctic. What they did was to sail Xiang Yang Hong No. 10 ship to a site at the South Pole for the first time thus opening up future expeditions for the Chinese to Antarctica. On February 20, 1985, 28 years ago today, China established its first Antarctic scientific station at the South Pole - the Great Wall Base. At about noon the station's celebration party will take place.

1
智利海军站送给长城站站庆的蛋糕
2
与智利海军站医院的医生拥抱，非常感谢他对小彭的精心照料
3
与韩国站站长寒暄

1

2

3

阳光灿烂的日子
Sunny Days

南极站附近浮冰与晚霞

重返企鹅岛
Return to Penguin Island

也许是因为要离开南极了，也许是舍不得那些天天带给我们快乐的企鹅，也许是要替小彭多看两眼他一次都没有看过的企鹅岛，小王、小陈、妙星和我今天又一起去企鹅岛，与那些可爱的宝贝儿们说再见。

自从机械师小彭受伤后，乘小艇去企鹅岛就彻底不可能了，也就意味着必须等到低潮时沙坝能露出至少三个小时才能去，同时这一天我们大家都能抽得出时间。小王和小陈一直都在做最后的冲刺，完成测绘工作，常常看到他们吃完晚饭，又全副武装地出去干活了，真是尽职尽责。前天他们终于将最后的工作完成了，我们四人也能有时间可以策划去企鹅岛了。

昨晚小王提前看好了潮汐表，约定我们第二天一早8:30必须出发，12:00之前要通过沙坝返回。昨晚临睡时，我在双肩包里放了饼干和巧克力，并准备了一些鱼干。今早按时起来，等到8:40也不见他们的身影。妙星来电说小王清晨出去拍日出，5:00才睡，改到9:00再出发。正副站长今天带第三批进站站队员去参加韩国站站庆，韩国的小艇都来接我们的队员了，这时才等到了这三个"死党"出现。路上我们问小王日出拍的如何，小王笑道："啥也没拍着，拍了一团乌云回来了。"我们都夸小王超级勤奋。

从长城站到企鹅岛，雪路要走一个半小时，但是路上的积雪已经消融，因为一路都是浅滩礁石，行路也不易。为了避免受伤，大家一路还是小心谨慎，防止跌倒。我的体力已大不如从前，总觉得膝关节不好，加之今天风大，脸被风吹得生疼。

在妙星的带领下，我们过了沙坝后，沿着礁滩背部的一条路前往。终于见到了一大片的企鹅群，我笑称个个都

像弹棉花似的，因为那些小企鹅都已"长大成人"，现在正值褪毛期，但完全看不出是初长成的幼年企鹅，个个肥大无比，小陈说：它们得了"婴儿肥"。企鹅真的很辛苦，四个月的漫长哺乳期，孩子的爹妈都已经被抽干了，不得不离开小企鹅，去海里觅食。现在我们看到的都是"孩子们"，个个呆头呆脑，站在那里，一动不动。最多呼扇呼扇翅膀，伸伸懒腰。尽管现在是它们最不好看的时候，我还是努力地用相机记录着这帮肥大无比的"小朋友"，应该说，现在它们都生活在幼儿园里，等待着它们的家长归来。

午饭本来打算在企鹅岛的一间避难所吃，但是全让一头出其不意的海狮搅了局。我们低头前行时，突然前面冒出一头海狮。海狮不像海豹，貌似总是对我们有攻击性。小陈转到它身后，老远喊着要我拍照。然后小陈再用他的相机给我和海狮拍照。妙星一见海狮，就开始了科学研究，顿时又是录像，又是记录GPS定位。不知为什么，这头海狮老是执着地追着妙星和小王跑，由于它体态肥大，跑一段，它就停下来喘气。但是过一阵，又疯狂地追，我吓得大声叫妙星和小王往回跑，他们喊我往山上跑。到处都是企鹅的粪便，到处都是坑坑洼洼，如果真要追我，恐怕我非得被它咬上一大口，没准儿它这会儿正饥肠辘辘呢！只听小陈大喊一声："来了！"眼见这头海狮又开始盲目地"追杀"我们，妙星一边喊它不会伤人，一边叫我们快跑，我一回头就看见它的血盆大口。我们四人被它追着逃向四个方向，大家齐喊："朝一个方向！往回跑！"结果其余三人均与我会合了。大家被追得气喘吁吁，狼狈不堪。妙星说："还去小屋吃饭吗？"我坚决不去了，因为实在受不了这样的惊吓，还是让大家保全自己吧！我们径直返回到了长城站餐厅，把"好吃的"全部原封不动地背了回来。这一路既愉快，又惊吓，但总算安全回到了我们的"家"。

Perhaps when I leave the South Pole I will miss the penguins that give us so much pleasurable enjoyment. It might be because I promised Xiao Peng that I would visit Penguin Island for him because he hadn't seen it. In any case, Xiao Wang, Xiao Chen, Miao Xin and I decided to visit Penguin Island again today to say farewell to those cute penguin chicks.

1

2

3

1
又遇小小企鹅岛
2
与小陈、妙星、小王同往企
鹅岛
3
初长大的小企鹅

1

2

3

1
南极的色彩
2
南极的守卫者
3
快乐的一天
4
驱赶外敌

5
海狮与我打招呼
6
神气的海狮与我

4

5

6

这几天各国科考站都在接踵举行站庆，昨天是韩国站，今天是俄罗斯站，据说明天是乌拉圭站。

今天午饭后，我拖着负责发电的黄师傅将生活栋队员房间的荧光灯换为暖色调 4 000K 的 LED 灯管，但我去科研栋的仓库里拿错了高色温的灯管，没想到黄师傅告知我，其实在越冬的时候，由于慢慢进入极夜，长城站白昼的时间逐渐缩短，越冬队员反倒喜欢高色温的灯光，他说不信你不要提示队员，不要解释光色的冷暖问题，直接问队员喜欢白光还是黄光，肯定会得到喜欢白光的答案多。他说的我百分百相信，因为他可是有着三次越冬经历的老队员了。

光色的问题，可以说是一个小问题，也可以说是一个大问题。光色与情绪、对空间的认知有关，跟个人品味也有关，但是研究的方法显然不能是数学式的定量。
按照我们原来的推断，根据南极的环境、色彩、温度、队员的工作、作息等，感觉他们应该喜欢暖色调。但是今天我又问了几个第三批上站的队员，他们已经在站上待了一个多月，他们跟我说，需要情调的时候需要暖色调的光；但读书和工作，他们觉得还是要选白光，因为白光看得清楚。这让我想起一个情况，是否我们在进行视觉作业时，同样可以使用暖色调的光，但往往这时给人昏暗的感觉，因此务必要提高照度，才能让人处在这样的光色环境中，既达到放松、愉悦的目的，也能很好地工作。如果还是采用同等功率或照度水平的暖光，显然由于人眼的作用，我们的感觉并不好，心理上会认为高色温的光照有利于阅读等。

但是我在参观其他站时，别人房间的光色真的不像我们站区的那么偏冷色调。也许中国人的光色爱好与日本人还真有点像，我们喜好冷色调的光照，除非你真的特别追求情调。什么事一与心理、文化联系起关系，问题就变得异常复杂。我们需要大量的实验，更加科学地进行研究。希望我们得出的结论更符合实际的情况，让光色的描述更加准确。我的推论应该是分视觉作业和非视觉作业两种情形，在此基础上，再根据性别、年龄、地区等条件，但这也是初步推论而已，没有深入思考。

Today after lunch I got teacher Huang to come with me to change the lights in the communal living area. We decided to use 4000K warm LED lamps to replace the fluorescent lamps. However I had brought the wrong lamp from the research building, one with a high colour temperature. Nevertheless teacher Huang explained to me that with the polar night approaching and the days getting shorter, the team who were to stay preferred the lamp with the high colour temperature.

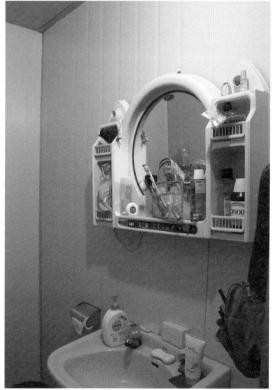

1
门厅换为 6 500K 的 LED 灯，
感觉亮堂了很多
2
长城站"劳模"——老黄
3
队员房间换灯，要改线路，

不再使用镇流器和启
辉器
4
卫生间也全部换上了
2 700K 的 LED 球泡灯

挂念小彭
Missing Xiao Peng

如果我们 2013 年 2 月 26 日能够顺利飞出南极乔治王岛，到达智利蓬塔的话，就能见到小彭了。自从他离开长城站后，我们每天的话题都离不开他，从手术到术后的恢复，从饮食到精神，都无比挂念他。我们每天都是通过 29 次队的 QQ 群里得知他的消息。今天，我在给那三只"小白鼠"整理照片时，影集里有很多小彭的照片，我都不敢打开仔细看，一个一米八的大男孩儿，现在经过一场大手术，又是在异国他乡，困难可想而知。

以前他的房间就在我隔壁，我睡的床垫坏了，加之床架也不怎么好，所以每次翻身都是吱吱嘎嘎响。自从同屋的小李老师来后，我担心影响她休息，总是不敢多翻身。后来小彭听说后，一直跟我说把我的床换换。我觉得很麻烦，推脱说算了，他坚持说："不麻烦，你走后越冬期间反正一人一间，我就睡在你那张床上。"后来，他和万医生花了近两个小时时间才换好，因为光抬床出门就费了好大劲。这下他在长城站越冬成了泡影。

小彭对娱乐和锻炼他都很在行。他是福建厦门人，歌唱得很好，所以最喜欢用闽南语唱《爱拼才会赢》。他篮球也打得很好，但不怎么会打排球和羽毛球，但是上次与智利海军站比赛，他凭着身高优势，还拦网得分了呢！我喜欢打羽毛球，如果妙星不能陪我打，他就试着陪我打。小彭从不会拒绝人，他嘴上总是挂着他特有的口头禅："那要不然……就……"。那天他就觉得不应该起吊那个油罐，感觉重量不平衡，但他一贯的"不说 NO"害了他。所以在今后的日子里，凡是自己判断不正确的，就坚决不做。不光为自己，也为大家。

当第三批队员上站后，站上只有他一位机械师，出野外的队员常常要他接送，不管是小艇还是开车，也不管是什么时候，只要站长安排，他从无怨言。所以他赢得了所有科考队员的赞许。

我记得小彭刚参加我的实验时，非常认真地听我讲灯光与生活、工作的关系，并时不时也发表一些他的看法和理解，那副认真的表情让我至今记忆犹新。由于他是福建人，我经常听不清他说什么，有时还理解成别的意思。如他说"非常"，会发成"灰常"，所以我经常开玩笑说："小彭，看那架灰机。"但是他从来都不生气，依然咬文嚼字地跟我讲着各种事情。刚开始我还嘎嘎大笑，但后来我真的不敢笑了，我对他说如果我再笑，我都有犯罪感了。但是当殷赞、万医生和我跟他在一起聊天时，他们还是忍不住笑。

有件事让我特别感动，那是我们去韩国站参观吃饭。韩国站在长城站的对面，隔海相望。韩国站派小艇来接大家。但那天风大浪大，大家颠得都要飞出去。我因为穿的连体服没有感觉到，原来小彭一直用手拽住绳子，并在背后保护着我，以免浪打来时我落入大海。等大家上岸后惊恐万分地七嘴八舌时，他才告知我。

这些天，听说小彭在蓬塔住院吃的不习惯，提供的都是西餐——他可是十足的中国胃。我琢磨着是否从站上给他带点方便面，妙星说还是到圣地亚哥去超市给他买只鸡，炖锅汤，给他补补身子。是的，他还有那么长的回国旅途。我不知道小彭的妻子是否从厦门到首都机场接他，很担心他们相见时的苦楚，一个健健康康的丈夫出门，没想到三个月就坐着轮椅提前回国。我真的不想看到那一幕。随着网上将小彭受伤的消息公之于众，我想他的妻子应该知道了事情的原委。这么远的距离，她又不能来到小彭身边照料，那种煎熬可想而知。我们一直都在给小彭加油鼓劲，昨天传来消息，尽管他依然虚弱，但烧已退，并借助器械开始慢慢行走了。

后天，我们所有参加 29 次科考的度夏队员将离站。如果天气好，我们就可以在蓬塔见到小彭了，希望大家都坚强。

On February 16th, if we are able to fly out of King George Island and arrive in a Punta in Chile, we might be able to see Xiao Peng again. Every day since he left the Great Wall Base we have talked about him. We are concerned about his condition and how his postoperative recovery is progressing. Whether the topic is his diet or his state of mind, we all care about him and miss him very much.

1
小彭在智利站进行吊装作业
2
小彭准备开小艇送科考队员
采样

81

青春无敌，祝福妙星
Bless the Indefatigable Miao Xing

今天一早天空就雾气腾腾的，不到中午便下起了雨，据报后天将是雨夹雪。大家都在做最后的收拾工作，采样托运和个人物品。因为又一个政府代表团要来，还要兼顾打扫卫生，大家还是一派忙碌。

妙星昨天和小王及另外两个小女生去了柯林斯冰盖，小陈因为没有睡好，临走时放弃了。我因怕走雪地，所以早就告知他们去不了。

原先跟妙星玩得好的几个伙伴先后离开长城站，先是小傅和小吴，这次是小陈和小王。但是有现代网络，他们还是能够上网聊天，我想还不至太难受。

我总是不解地问妙星，一般越冬都是驻站管理人员，为什么你一个科研人员要越冬？他特别认真地告知我，为了在南极国际事务中有话语权，现在中国要开始大型动物研究，如海豹、海狮等。要观测海豹的生存的全部过程，如交配等，他就必须越冬了。

妙星是 Ａ 型血，具有典型的 Ａ 型血特征。他特别天真，特别富有理想，是个见义勇为的人，不过南极没有任何社会治安问题。他着急的时候，有时说话会结巴，但可爱的是他总是自嘲，自己解围。他做事特别投入，光观测海豹就记录了相当长的时间，有几次天气不好，刮风下雪，他也照样出野外，站在风雪中，一干就是几个小时。他说自己非常喜欢目前从事的工作，我鼓励他到国外大学去做博士，像他这样来过南极，观测海豹的年轻人，我想全世界也为数不多吧。

他还没有结婚，我总是劝他赶快找个"婆家"，他说，往往是人家姑娘没看上他，而是妈妈看上了他，因此戏称自己是中老年妇女的"偶像"。他说自己的父母也非常着急，但是他一定要找个心仪的姑娘。他喜欢长脸的姑娘，瞧！脸长脸圆他也有要求。我说你以为好姑娘都等着你呢，千万不要错过啊。

Miao Xing has blood type A and he has all the typical characteristics of this blood type. He is non-judgmental, cares about his work and is also a moral person. He does not mind some self-mockery when he makes a mistake. He is passionate when he's observing seals I know he has amassed considerable data about them. If the weather is not too awful he usually goes out for a few hours for more seal watching and strong wind and snow do not deter him. To leave this young man behind in Antarctic upsets me. We made a deal that when he finishes working in Antarctica we will get together in Shanghai. By then he will undoubtedly be a much more mature and even more impressive man.

1
妙星与小曹在柯林斯冰盖
（保密，他们跟站长说的是
去西海岸）

2
观测海豹

3
这是他最喜欢的 Pose

4
帮助小傅工作

82

2013-03-01 08:40:02

不想说再见
Never Say Goodbye

非常不想面对这样离别的场景，但是又必须与大家说再见。临别的晚饭上，智利海军站的站长特意带着队员来一起晚饭。站上准备了上好的酒水欢送大家，站长、副站长一一向离站队员敬酒，并特意说明有些不当的地方，请大家多多包涵，因为这就是南极。我几天前就开始收拾行李，但因为晚饭后站长问我要照片，为将来出版 29 次队画册用，我一直整理到晚上 11:00，接着才开始整理余下的零碎东西。"三只小白鼠"急忙赶来为我的行李称重，确认超重后又重新整理，只能把亮度计及照度计留在站上，等雪龙号船带回了。我一直整理到凌晨 2:00 才睡，早上 5:30 就起床了。又不敢喝水，怕飞机上不便。我与在站的队员匆忙告别后，就上了车赶往智利空军马尔什机场，在那里等候。由于南极天气多变，9:00 多大力神号才载着空军家属从蓬塔飞来，再载着我们离开南极飞向蓬塔。

I really don't like parting scenes, but it is time to say goodbye. At a farewell dinner at the Chilean naval base the stationmaster organized for us to have special dinner with his team. He treated us to some good wine and both he and the Chilean deputy stationmaster happily toasted everyone.

1

1
与队员们签名的队旗合影
2
大力神飞机来了
3
座位是简易的
4
提前与队员说谁那不准哭，但在飞机上不知小王说了什么，我忍不住哭了

2

3

4

83

2013-03-01 11:14:24

蓬塔起早拍日出
Chasing the Sunrise in Punta

在南极，因为室外实在太冷太寒，我一直很遗憾无法跟着其他队员拍日出。蓬塔是海洋城市，我尽管很累，还是决定第二天四点半出发，到海边拍日出。仅仅睡了三个小时后，我与小王、小陈步行十分钟就来到了海边，等待日出。老天真是辜负了我的一片赤诚，最后我们只拍了一堆乌云。

It was too chilly and too icy today to go with the others and take photos of the gorgeous coastal sunrise in Punta. So I decided to go to the seaside the next day and I set off at 4.30AM, regardless of whether I was tired or not. After sleeping for only three hours, I walked for ten minutes to the seaside with Xiao Wang and Xiao Chen and we settled in to wait for an exciting sunrise. Unfortunately, bad weather moved in and dampened our enthusiasm. My shots are all a jumble of threatening dark clouds.

84

2013-03-05 09:16:05

南极，南极
Antarctica, My Antarctica

当飞机降落在蓬塔智利空军基地时，湛蓝的天空，无际的海洋，行驶在滨海高速公路上的汽车，路边的房屋，绿色的树木，这一切让我们感到瞬间回到了人类社会。来到酒店，小陈喊道：我看到了苍蝇！小王惊呼：我抓到了蚊子！经过三个月的南极生活，我们终于再次回到城市！也许是飞机太快了，两个空间的转换让我们来不及思考，仿佛瞬间失忆。也许是人类文明太强大了，以压倒性的势头让我们一下子忘却了南极，我们对南极的日子突然想不起来了，这就是我们的本能反应。

真的是不枉我在南极每天辛苦写的博客，我时常觉得自己的文字水平有限，时间有限，精力有限，不能很好地记录我在南极的感受，更确切地说，不能非常细腻地刻画我在南极的生活和工作，让我变得很沮丧。但是现在想来，这该是多么庆幸。如果我没有那个"烂笔头"，或许我会把那些日子忘得一干二净，那将是怎样的遗憾！今天应该是我的最后一篇南极博客，在从智利圣地亚哥飞往巴黎的旅程中，我在黑暗的机舱里，结束我的"封笔之作"。我以前从没有接触过博客，更没有写过博客，

但感谢博客这种形式让我把南极的日子永远封存在网络时空中，永远定格在 2013 年 3 月 3 日这一天。我可以和朋友们永远分享我在南极的点点滴滴，直到我从这个地球上老去。

很多朋友希望我与他们分享我在南极的见闻，这次我不得不说"百闻不如一见"。无论你听我讲也好，看我拍的照片也好，甚至通过录影领略南极的风光，我都想告诉你，你无法想象南极的壮丽，那些都不是真正和真实的南极，你必须亲自踏上南极，才能够感受南极，否则你无论怎么想，都无法还原和再现南极的神秘、静谧。以后大家不要总看电视了，一定要到实地多走多看。我在飞机上看了一部美国拍的动画片《快乐的大脚》（Happy Feet），讲的是帝企鹅的故事，特别好看。里面的内容只有去过南极并在那里呆过一段的人，才能敏锐地看出导演设计的细节。所以，旅游探险为什么像磁石一样吸引着勇者，我们都该明白了。

这是一个位于地球之端的南极洲，一个由大洋环绕的南

极大陆，一片地球上最后的净土。我在这里用自己的眼睛亲自领略了探险者向往的冰雪世界，我用自己的双脚踏上了乔治王岛和长城站。我了解到世界各国南极科考的历史，我在地球的底部度过了 90 天非常特殊的日子：我遇到了二十多年来南极最不正常的天气，能杀人的寒风和暴风雪让我夜不能寐，手套在山顶被风吹走，回站后发现手被冻伤，疼痛的双膝至今不能跪地。极地探险不仅需要勇气，更需要很充分的准备，而我应该说还是准备不足，否则我也可以登上纳尔逊冰盖和柯林斯冰盖。我在这里度过了 2012 年的圣诞节、2013 年的新年、2013 年的中国春节和 50 岁的生日。这些节日的庆祝比起在国内的情形都算不上什么，但是意义非凡，令我终生难忘！

我在这里完成了《极地站区半导体照明应用及光健康》课题实验，并全面调研了长城站所有建筑的室内照明情况，将长城站生活栋的全部房间原有的光源换成 LED 光源，并留下了两套我们自主研发的 LED 台灯，希望能够给越冬队员在漫长的冬季、极夜里带来温暖。

能够参加中国第 29 次科考队，是我一生的光荣和骄傲；在南极度过的日日夜夜必将成为我人生的一段弥足珍贵的经历，这是再多的金钱都不能与之比拟的宝贵财富。特别感谢 29 次科考队长城站全体队员对我在站期间的帮助，这段特别的日子让我们成为了永远的朋友和亲人。再见了，南极！再见了，关注我南极博客的朋友们！

This is my last blog about Antarctica. During the long-haul flight from Santiago to Paris I wrote my lasterpiece in the gloom of the cabin — and I used to know nothing about blogging. Right now I was still basking in the memory of glorious days spent in Antarctica, hoping that this blog would serve as an unforgettable and much cherished memento. That momentous time in my life ended on March 3rd, 2013. At least here I can share the details of my time in Antarctica with my friends. The blog is my way of recalling the wondrous nature of this blue planet and it is my permanent reminder of a very special time.

魂牵南极
The Eternal Link Between Antarctica And My Soul

时间：2013-7-15
地点：同济大学文远楼
访谈对象：郝洛西教授

Q：你从南极回来已经 4 个多月了，是否还会想念在那里生活和工作的日子？

A：我们每个人对于自己经历过的日子，都会倍加珍惜，更不用说是在南极那段特殊的日子。

参加我国第 29 次南极科学考察队，让我有了许多"第一次"的经历，如第一次穿上带有国旗的科考服；第一次乘坐"大力神"军用运输机；第一次阅览南极壮美的冰雪世界；第一次经历"极昼"；第一次见到南极特有的动植物；第一次乘坐"橡皮艇"、"雪地摩托车"；第一次作为旗手在南极长城站于北京时间 2013 年 1 月 1 日升国旗；第一次为"南极大学长城站分校"授课；第一次在南极过生日等等。我因为参加南极科考而有了许多人生珍贵的"第一次"。

毫无疑问我会非常想念我在南极长城站工作和生活的那段有苦有乐的时光。

Q：此次南极之行对你的影响，或者改变最大的地方是哪里？

A：现实生活中人们往往是在经历人生跌宕起伏后才会感悟生命的可贵，在经历大灾大难后才会从心底珍惜眼前的一切，在游历名山大川后才会抒发对生活的感念。其实人就是这么一类动物，有思想、有动机、有灵魂，常常受到环境的诱因而触碰到灵魂深处的神经，从而做出改变，确立自己的人生方向和改变对世界的认知。我倒不认为南极纯净的冰雪世界与我们的心灵净化存在着什么必然的逻辑关系，但我必须承认这样的阅历已悄然影响着自己，改变着自己。改变最大的地方来自于性格和心态，奉献、执着、坚韧、宽容、无私。特殊的环境、特殊的日子，让我拥有了"南极情怀"和"南极精神"，再大的压力和挑战，都会勇敢面对。

Q：和南极共同战斗过的伙伴们还有联系么？主要通过什么途径？大家都会讨论哪些话题？

A：通过邮件、QQ 或者微信等网络通信手段保持与他们的联系。特别是站上许淙老师通过 29 次队 QQ 群每天发布的长城站气象预报信息，是我每天必定要关注的内容，了解长城站的天气情况变成了习惯。现在南极已经进入极夜期了，由于课题的原因我需要关注在站越冬队员们的生活起居以及心理情绪变化。他们会告知饮食、睡眠等各种生活琐事，当然也会谈到与外站的国际交流活动、体育赛事、文化娱乐等等。我也会询问他们生活栋照明灯具更换后的使用情况，队员们也会定期反馈一些意见与建议。

Q：能否谈谈在南极给你留下最深刻印象的人或事？

A：我想在这本书中每天都记录了令我难以忘怀的人和事。每一位科考队员的勇敢、无畏、坚毅、乐观、活力，至今都在我脑海里栩栩如生。年轻科考队员对工作忘我的投入、后勤队员兢兢业业、站长运筹帷幄，保证了长城站站务高效运转和科考工作的顺利开展。有些队员已经是第二次、第三次来到南极，他们对南极的情怀体现在他们对工作的追求和对生活的热爱。在乔治王岛，大家不分国籍，有难互助，在地球之端我真切感受到人性的光辉。在长城站接待国内游客造访时，你听到最多的一句话就是：祖国人民向你们问好！那时觉得非常温暖，感受到国家对于我们的含义。

Q：你的日记中，南极给大家留下的是一个充满新奇和欢乐的印象，其实这背后还有很多不为人知的艰辛，能否在这里给大家讲一讲？

A：如你所知，这本书是在我的"南极博客"基础上成文的。写博客是为了让年迈的父母以及亲朋好友能够及时了解我在南极工作和生活情况，以免他们挂念，所以自然只能说些好的事情。在长城站，我属于年龄偏大的队员之一，被几个年轻队员戏称为"老奶奶"。我记得回来与团队学生老师看录像回放，是去碧玉滩25次队建的避难所，大家伙儿看着笑着，而我不自觉地淌下眼泪，也许是那时的苦我自己都没有意识到。南极视觉极其单调，我住的宿舍面向大洋，雪暴时往往一整夜难以入睡；出野外时陷入雪地时的惶恐；乘坐橡皮艇去韩国站时，海面的大浪几乎要把我掀翻在冰冷的海水里。近两个月没有新鲜蔬菜和水果（今年雪龙号由于担负新站选址任务，没有去长城站，所以缺少果蔬补给），为了加强肠胃蠕动，我尝试吃掉泡水剩下的茶叶以补充纤维；南极风大，由于自己疏忽，没有保护好膝盖，关节受到风寒，回来后下蹲十分困难。南极缺钙现象普遍，不管是外国站还是中国站都曾发生队员运动极易受伤；全部实验任务独自一人完成，特殊环境和工作节奏，记忆力减退，工作完成度不高等；与世隔绝的极地环境、单一的社交生活、孤独的心理感受，只有依靠坚强的意志，独自面对和承受。

Q：我们在你的日记中看到了小彭发生的不幸，大家都很关心他是否一切都好。

A： 从飞出南极到达智利蓬塔的那一刻，我和队员们第一时间赶到当地医院看望了手术后的小彭。他在卸货工作中意外受伤被送往智利空军站医务室时，我和队员们一直陪伴在他身旁，亲眼目睹了他的困境和坚强，因为这一切发生在南极菲尔德斯半岛。没有很好的医疗设施，语言交流困难，他坚持着等待接他的飞机直到第二天。他半夜一直疼痛无比，但是不到万不得已，他都强忍疼痛，不愿麻烦大家。第二天中午，暴风雪肆虐，躺在担架上的他，在进入舱门的那一刻，他流泪了。我想他非常不情愿就这样离开南极，离开长城站，离开中国第29次南极科学考察队。他在长城站工作了近三个月，作为机械师的他总是为科考队员着想，尤其是恶劣天气时接送科考队员外出工作，自己都还没有去过企鹅岛，想来令人惋惜。在回国中转智利圣地亚哥时，我们又再次与他相见，大家总是想尽办法推着他出去，到超市、路边看看人

流，看看风景，力图排遣他的压力。最后他从巴黎转机直接飞回北京，回到了家乡厦门。最近他告知我，骨头没有长好，准备进行第二次手术，让人不禁又揪起了心。我们为他祈福，祝福他平安尽快重新站起来。

Q：很多人都很好奇，南极科考的任务和目的对于人类来说，究竟有怎样的现实意义？

A： 南极，是地球上至今未被开发、未被污染的洁净大陆，那里蕴藏着无数的科学之谜和信息。南极，也是地球上至今唯一没有常住居民、没有国界、巨大的潜在资源未被开发利用的独特地区。虽然南极的环境很不适合人类生存，但作为地球的组成部分，它仍然给我们提供了很多可能。

对南极的探索，极大地丰富和完善了我们的理论体系，给我们合理地开发和利用那里宝贵的资源提供可能。对南极环境的研究帮助我们更好地理解全球气候问题，理解我们生存的地球，提供实现可持续发展的思路；另外，南极特殊的环境也为一些特殊的实验提供了可能，扩展人类科学理论的范围而更重要的是在艰苦环境下的合作，也为科学家们提供了一个国际范围的友好交流与合作的平台，很好地促进了人类合作探索精神的发扬。

Q：能否和我们分享一下你此次的建筑光环境科考任务，在南极所取得的成果？

A： 我作为863课题《极地站区半导体照明应用及光健康》的负责人，在南极长城站三个月度夏期间，主要完成了"LED照明的非视觉生物效应和对人体生理节律的影响实验研究"。通过对度夏和越冬科考队员实施人工光环境的干预，研究不同光色对人体生物周期及生理节奏的影响。课题组研发的专用半导体照明实验灯具，充分发挥了LED特殊谱线对改善极地科考队员睡眠环境、调节情绪和心理的积极作用。此外还

提出了极地站区建筑适宜的自然采光和人工光环境的设计方法。

我在长城站完成试验工作的同时还对站区各类用房的室内光环境进行了详细调研和评估，完成了维护和改善的建议报告。此外将生活栋室内照明的光源全部更换为光色、亮度可调的LED新型光源，改善了越冬队员极夜条件下的生活环境。

Q：南极的风物和我们所处的环境是如此的不同，看过您的日记很多人都想去南极亲身体验一番。除了科考，还有哪些途径可以让普通人到访南极？

A：事实上能够参加国家科考队到南极，应该算是"深度游"吧。如果你是科研工作者、记者、厨师、设备维修人员、机械师，都可关注我国关于南极科考的信息，积极报名，经过培训筛选，或许你去南极的梦想就能实现，但首先你必须是乐于吃苦倾力奉献的人。

当然你也可以参加南极旅行团，目前在新西兰与阿根廷有比较多去南极的旅行团，国内也有很多有专业人士指导的旅行社开展了南极旅游项目。由于南极大部分地区位于南极圈以南，天气寒冷，而且会出现极昼与极夜现象，所以赴南极的时间一般是当地的夏季出现极昼的时候（南极的夏季也非常冷），恰是我国的冬天（因为南北半球的季节是相反的）。如果风浪不是太大，中国旅行团还会与长城站联系，让中国游客登岛，探访长城站。

Q：如果有机会，是否还会选择再次造访南极？

A：如果有机会能够再次去南极，当然，我会毫不犹豫，再次踏上那片纯净洁白的土地。我多想再去看看那些守望南极的主人——我最喜爱的企鹅。记得从南极回到上海，我先后为同学和老师做了数场《南极记忆》的科考报告，引发了大家对南极科考事业的极大关注。在同济大学建筑与城市规划学院院长吴长福教授的带领下，先后数位老师无偿参与到南极站区的设计工作。我也结合自己在长城站生活和工作的体会，积极参加长城站宿舍栋的改造设计、一号栋改造设计、中山站越冬队员宿舍栋的室内设计、中国南极礼品 CI 设计等工作。在本科生教学工作中，针对南极环境以及我国南极站区建筑光环境特点，设计了以"最长的夜，最靓的光"为主题的光艺术装置实验作业。此次参与制作的建筑学二年级本科生们充分发挥了想象力和创造力，完成了 28 个精彩的光艺术装置。作为学院第一位赴南极科考的教师，我将第 29 次科考队长城站所有度夏和越冬队员签名的学院院旗和 29 次科考队队旗以及个人的 29 次科考队员证捐献给学院院史馆，让南极精神永远激励学院师生奋力拼搏，一路前行。

我想说，南极已经成为我生命中挥之不去的情结，在南极的经历是我人生里程中的心灵驿站，更是融入我血脉中的一种伟大精神。正像那些曾经参与南极科考队员们所说的那样，因为南极，我们成了永远的朋友和亲人。我期待着再次出发，奔向南极！

Time: 2013-7-15
Place: Wen Yuan Building, Tongji University
Interview with: Professor HAO Luoxi

Q: Can you talk about what and who most impressed in Antarctica?

A: This book is a record of people and every day events when I was in Antarctica. What I remembered best about the people are qualities such as bravery, fearlessness, perseverance, optimism and energy. I recall my younger colleagues who were passionate about their work, the dogged logistics team and the strategic abilities of the computer buffs. Everyone pulled together to ensure the efficient operation of Great Wall Station and the smooth progress of expeditionary tasks. Some people were on their second or third tour to Antarctica and their enthusiasm for the place was obvious in their zeal for work and life. On King George Island, regardless of one's nationality, we had no difficulty with co-operative teamwork. I felt a sense of a triumphant spirit of humanity, even at the ends of the Earth. At Great Wall Station, when tourists visited from China, the most often heard phrase was: everyone

from home sends greetings to you! Whenever that was said I felt a surge of heartfelt warmth for my own country and understood what it meant to me.

Q: Your diary gives the impression that there was time for some fun in Antarctica. It also reveals some lesser-known hardships. Can you talk about that?

A: As you know, this book is based on my "Antarctic blog". Writing a blog allowed my elderly parents, as well as friends and family, to keep abreast of my work and life. Naturally we missed each other so I tried to keep the entries positive. At Great Wall Station, I was one of the older participants and was dubbed the "grandmother" by some of my younger colleagues. After my return to China I remember watching a video with my students and the teaching staff about one excursion to

Jasper Beach in Antarctica. Twenty five people went there to build a refuge and everyone worked happily together on the project, but at the same time, subconsciously enduring pain. Perhaps I hadn't realized the real hardships of that particular task. Visually, Antarctica is extremely monotonous but I lived in a dormitory facing the changeable ocean. When snowstorms hit I often had difficulty falling asleep at night; when I went outside into the snow I did so in fear and trepidation; whenever I took a boat to the Korean Base, I was almost always tossed into the cold sea.

We had to live for almost two months without fresh fruit and vegetables because that year the Snow Dragon vessel was fully engaged in the establishment of a new station and unable to really provide us with these necessities. So, to counteract the effects of decreased gastrointestinal motility, I ate food soaked in tea to try and augment my intake of fibre.

Antarctic winds are strong and I neglected to protect my knees. That led to my joints being so cold that it became very difficult for me to bend my knees when I came home. As well as that, in Antarctica, calcium deficiency is very common and almost everyone on the foreign and Chinese bases was easily injured when forced to move about.

I feel that I now have the strength to face almost anything because of all my experiences in the harshness of Antarctica. I completed all the necessary experimental work in a unique, isolated environment. Everything was accomplished despite the pace of work, including the writing of a Base campus certificate course, mental stress, loneliness and a social life fit only for singles.

Q: Could you describe your achievements in relation to architectural lighting in Antarctica?

A: I directed the 863rd experimental program called SSL Lighting and Visual Health in Antarctica. During my three months of summer in Antarctica I was mostly preoccupied with completing research on LED lighting, its non-visual, biological effects and its influence on circadian rhythms. The experiment involved using various artificial lighting interventions for both summer and winter personnel. I studied the effects of a range of light source colors on biological cycles and circadian rhythms. This research involved the use of a full spectrum and explored how LEDs could improve the sleep environment and help adjust emotional and psychological states. I also proposed a new, natural and artificial lighting plan, more suitable for the Antarctic buildings.

At the conclusion of the experimental work I completed a detailed evaluation on interior lighting environments in various room types and made suggestions for maintenance and improvements Furthermore, I installed new LED luminaires to alter colour and luminance levels. I believe that for those who had to stay on for winter, living conditions had been significantly improved.

Q: Given the opportunity, would you revisit Antarctica?

A: I would not hesitate to set foot in that pure, white-blanketed landscape once more. How I long to see those marvelous sentinels - the penguins.

Once I returned to Shanghai I gave several talks about my experiences in Antarctica and this caused some students and colleagues to focus their thinking on the region. Then, at the prompting of our Dean, Professor Wu Chang Fu, members of staff initiated some Antarctic-related design projects. My talks about life and work at Great Wall Station must have added an extra dimension of reality to their project plans. My work there involved taking an active part in some building design changes. For example, in the Great Wall dormitory buildings as well as in some design elements for the communal living building and the winter dormitory buildings at the brand new Zhongshan Station. Plus I participated in some IC design work on Chinese Antarctic gifts. As a follow on and as part of my undergraduate teaching I designed a light installation lab assignment called "The Longest Night, The Brightest Light". The focus of the assignment was on the characteristic lighting elements of Antarctic Base buildings. Undergraduates majoring in architecture were presented with this assignment and they were given full reign to use their imagination and creativity. The result was 28 rather artistic light installations. Since I had been the first member of the academic staff to go to Antarctica, I had also had the college flag signed by all of the members of the 29th Great Wall Faculty, including summer and winter expedition personnel. All of them had signed a card that will, in the future, become part of the history of our Faculty and it should inspire our staff and students to better things— to emulate that indomitable spirit of Antarctica.

Finally, I want to say that my experiences in Antarctica have become part and parcel of my life. I will try to maintain the friendships forged with those people I became fond of there and I look forward to visiting Antarctica again someday.

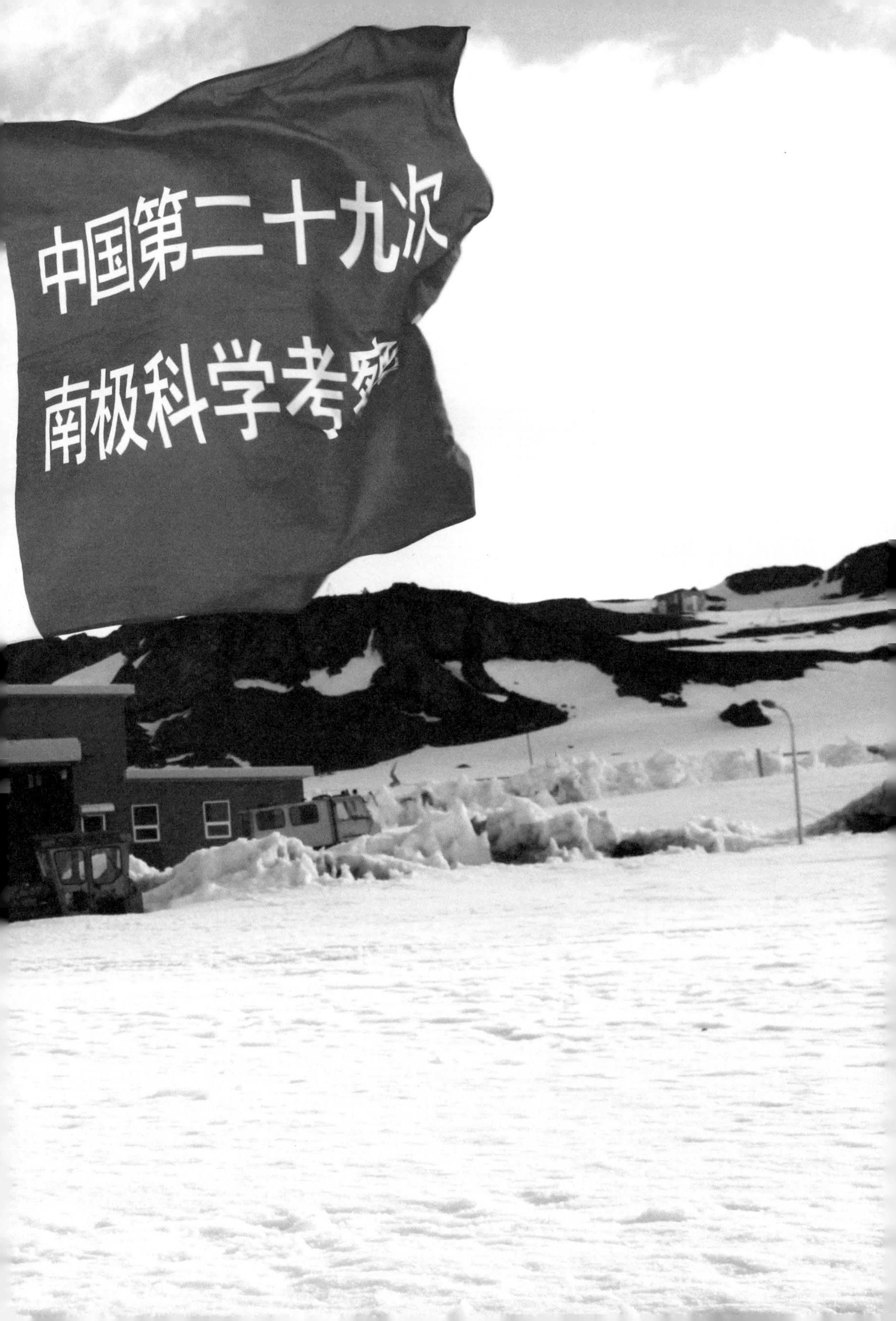
中国第二十九次
南极科学考察

图书在版编目（CIP）数据

南极记忆 / 郝洛西著 . -- 上海：同济大学出版社，
2013.10
　ISBN 978-7-5608-5268-3

　Ⅰ . ①南… Ⅱ . ①郝… Ⅲ . ①南极 – 科学考察 – 普及
读物 Ⅳ . ① N816.61-49

中国版本图书馆 CIP 数据核字 (2013) 第 201911 号

南极记忆
Memo of Antarctic

郝洛西　著
Hao Luoxi

责任编辑 孟旭彦　　责任校对 徐春莲　　装帧设计 张　微

出版发行　同济大学出版社 www.tongjipress.com.cn
　　　　　（地址：上海四平路 1239 号　邮编：200092　电话：021-65985622）
经　　销　全国各地新华书店
印　　刷　上海安兴汇东纸业有限公司
开　　本　787 mm×960 mm　1/16
印　　张　16
字　　数　399 000
版　　次　2013 年 10 月第 1 版　　2016 年 12 月第 2 次印刷
书　　号　ISBN 978-7-5608-5268-3
定　　价　118.00 元